从细胞到超人

[爱尔兰] 卢克·奥尼尔 著　　[爱尔兰] 塔拉·奥布莱恩　路琏城 绘
肖梦 译

SPM 南方传媒 | 新世纪出版社
·广州·

果麦文化 出品

《从细胞到超人》推荐序

一

从人类诞生的那一天起，人类的历史就离不开生命科学。

写人类历史的书约可分为两种：

一种是人文版，如房龙的《人类的故事》，如斯塔夫里阿诺斯的《全球通史》，如赫拉利的《人类简史》；一种是生命科学版，如本书。

这两种写人类历史的书，并不截然对立，恰可互为参照。

以我自身的阅读经验来说，孩童时代，经史子集、志怪传奇，让我徜徉在人文的海洋里；弱冠之时，生物科学为我打开了自然科学的大门，使我明白科技与人文本就相互辉映。

人文教育与科学教育，都应从娃娃抓起。青少年不妨在读人文历史的同时，看一本由生命科学领域的专业人士写的“人类简史”，尤其是顶级科学家写的“大家小书”。

二

我是谁？我从哪里来？我要到哪里去？

这三个所谓的“终极之问”的答案，无论是古希腊的先贤，还是中国先秦的诸子，相信他们都思考多次了。

地球存在了大约 46 亿年，已知生命的历史已有约 34 亿年，我们是谁、因何诞生、去往何处，学界有着不同的认识。

从地球存在了几十亿年的背景来看，自诩处于食物链顶端的人类也只存在了短短一瞬。莎士比亚的“人啊，你是宇宙的精华，万物的灵长”这句话，在文学作品中无可厚非，但在生物圈中，实在是自大之言。如果曾经的“地球霸主”们有灵性，听到这句话，免不了对人类一顿鄙视。即使是现在，人类在“称王”的道路上依然走得艰难。在我看来，“地球之王”是微生物，“多细胞生物之王”是昆虫，论生存实力，人类还远远比不上这两种生物。

而达尔文显然更客观，他说“人类的特征是两足直立行走、脑容量大和智力高”，可见人类能侥幸站上食物链顶端，也只是演化带来的偶然结果。但在今天看来，这个定义并不完善，我们或许应该说，人是具有 23 对染色体的有机体，人类的基因组含有 30 亿对碱基，基因总量约为 22 000 个，同时，人体还携带了 10 倍于人体细胞数量的微生物。

虽然相较于过去，我们对“我”的理解已经有了长足的进步，可这依然不一定是生命的真相。演化还在继续，“造物主”也可能随时喊停，而探索未知，正是科学的意义，也是人的独特性所在。

让电动车普及、火箭回收，并意欲移民火星的商业奇才马斯克，曾将自己独特的思维方式归结为第一性原理。这个概念最初源自哲学，是指透过表象看本质的思维方式。每个学科都有第一性原理，演化的思想，即遗传与变异是生命的本能，这是生命的第一性原理，也是生命科学为我们提供的一种新的思维方式。

当你在人生选择方面，为隔代如隔山的交流鸿沟而苦恼时，演化历程会告诉你，这正是地球生命前进的动力——与祖先做出不一样选择的狼变成了忠诚的狗；两栖动物的出现也是因为有鱼选择离开水域；人之所以能够制造并使用工具，或是因为某些特立独行的祖先选择了从树上下来解放了双手（前肢）……

当你自视甚高忘乎所以时，自然历史会告诉你，人虽然自诩万物之灵，但也只是被无序的演化之手推上“王座”的生物之一，并不代表我们有权利凌驾于万物之上，或是对自然索取无度。用客人而非主人的心态看待自己与外界的关系，就能在生活中保持谦卑。

过去的 500 年，是数百万年人类史以来最为璀璨的 500 年，作为万物灵长的人类，在意识到了地球不是“宇宙几何中心”的真相后，却努力想要成为“宇宙精神中心”。

科技发展到今天，我们或将揭示“我们从哪里来”的奥秘，即生命起源；然而，在人工智能大热的当下，特别是 ChatGPT 横空出世后，相当一部分人类，尤其是其中的精英群体对于“我们往哪里去”分外悲观。如果智能可被“创造”，人类还有自由意识吗？

杨振宁先生曾言：“如果你问有没有一个所谓人形的上帝，那我想是没有的。如果你问有没有一个造物者，那我想是有的。”于是乎，我们又要开始重新审视“我是谁”这个问题。我们究竟是瓶中之脑、模式动物，还是一群真实的，因为自然规律而涌现出来的高等智慧生命？硅基生命一旦批量到来，碳基生命的前途又将如何？

三

带着这些问题，我建议大家不妨看看这部作品。

这是一本既轻松愉快又不失专业的科普小品。在这本书中，你能感受到，身为顶级科学家的作者有着孩童般快乐有趣的心灵。

全书从一个“旋转的大石头”，即地球起源出发，帮我们回顾了从无机到有机，从简单到复杂，从单细胞到多细胞，从水生到陆生，从无性到有性，从低等到高等，从本能到智能，从原始到文明这一系列演化过程。

作者文笔风趣幽默，段子横飞，把演化描述得生动有趣，非常适合青少年阅读。我看这本书的时候，嘴上也一直是挂着笑的，特别是看到第七章《哈哈哈哈哈，我们为什么会笑？》时。这本书的插画师也非常给力，想必和作者是配合已久的老朋友了。

本书另外一个鲜明的特点，就是“跳出人类看人类”。如提到一群科学家在研究大鼠被挠时是否能感到痒，然后发现它们被挠的时候，同样会发出“吱吱”的声音。的确，人类太习惯于从自己的角度出发，而忽略了众生的灵性，其原因往往是“只缘身在此山中”。一如诺贝尔奖获得者雅奎斯·莫诺所说：“那些对大肠杆菌而言是正确的东西，对大象而言也是正确的。”这句话清晰点明：贯穿生命演化史的不是物种，而是基因。所以，从基因的角度思考人类的来龙去脉、七情六欲，不仅更为合理，也会让人耳目一新。

疾病让我们对病毒有了切肤之痛，而本书也专门谈到人类疾病的历史。其实，以细菌、病毒为代表的微生物，才是这个地球上以“星球化”方式运作的“地球之王”，它们来到地球几十亿年，人类则只存在了几百万年。保持谦卑和敬畏，才是人类在这个蓝色星球上长久生存的唯一的、正确的哲学之道。

在某些情况下，病毒会威胁生命。病毒，其实是蛋白质外壳包裹着的一张小纸条，纸条上写满了信息。这些信息有好有坏，但可能就是那万分之一的“坏消息”会对生物产生极大的破坏性影响。病毒感染后，这个蛋白质包裹着的小纸条会找到人类细胞，像万能钥匙解锁一样，把自己的遗传物质注入进去，并开始在细胞中复制。细胞就好比一间重工厂，病毒进入后开始制造自己的“飞机大炮”，消耗完一个细胞的能量后，就扩散到下一个细胞中继续复制。

聪明的病毒往往是“高感染、低致死”，甚至可以和人类共生，典型的代表就是普通流感病毒。几乎每个人都会感染流感病毒，但大概99.9% 的人都不会因其致死，似乎流感病毒和人类已经达成了一致的意见：有你就有我，咱们一起往前走。

但总体来说，病毒跨越了无机和有机，介于生命和非生命之间，就像“生命森林”中成千上万只蜜蜂，传递着信息，嫁接着基因，利用着太阳的能量和地球的资源，创造出生物圈。所以，我们和病毒之间的关系或许可以是“相看两不厌”的和谐共生。

本书最后讨论了人工智能、人类永生，以及人类可能面临的大劫难。作者以谨慎乐观的态度，分析了地球曾经历的种种，但又启发大家，特别是年轻一代：应该辩证地看待科技与人文的关系。没有科技的人文或许是愚昧的，但没有人文的科技则一定是危险的。无论科技发展到何种程度，我们都不要忘记因何而出发。由此，我们才能在观星河之辽阔时深刻理解人之局限，也能在感悟自然的同时铭记人性之本。

四

21 世纪是生命科学的世纪，此言不虚。生命科学也许会是伴随人类发展得最为久远的学科。

父精母血，孕育出新的生命，可称“血脉”的传承；语言、文化、习俗的延续，可称“文脉”的传承；与人共生的微生物的传递，则是“菌脉”的传承。我一直坚持认为，人类社会是“三脉合一”的产物，我们的血脉（基因遗传）、文脉（种群文化）和菌脉（共生菌群），都在世代传递着。

随着人类对基因、对生命科学的了解日渐深入，我们也会更加了解人类的历史，领悟生命的真谛。如果说生命不过是一套复杂的代码，那么我相信人类的代码中有爱。

只要人类存在，生命科学就会存在和发展下去。希望这本从生命科学视角记录和解读的“人类简史”，可以照亮我们成长、前行的路。

尹烨

引言

本书内容全部围绕着一个问题展开：是什么让你成为人类?

答案似乎显而易见。我的意思是，你又没有四条腿，也没有长一条尾巴！（除非你是一只非常聪明的狗，正在读这些文字，如果真是这样，我们也欢迎你！）不过，你之所以如此有魅力，是因为你身上还藏着许许多多有意思的东西。

如果外星人来到地球，仔仔细细地打量你，把你跟地球上的其他生物做一番对比，肯定也能发现你确实非常有趣。你能直立行走，会穿衣服、烹饪食物、嬉笑打趣、演奏音乐、制造机器，还会思考类似于“我怎么变成今天这副模样的”这种深刻的问题。

这本书要努力回答的正是这些深刻的问题。但要找到答案，我们还需要一些帮助，于是科学登场了。科学建立在一系列工作的基础上，这些工作包括认真观察世界上的一些现象、提出问题、提出解释问题的想法，然后通过做实验验证想法是否正确。

这么说吧，假如人类世界冒出了一种新的疾病，科学家会观察疾病产生的种种影响，提出问题并做实验，结果就发现了某种病毒。然后，科学家会提出更多问题、做更多实验，于是就研究出了能够保护人类的了不起的疫苗，还有能够让人类抵抗病毒感染的各种疗法。

上述事件之所以能发生，全要感谢成就了人类的东西——我们的好奇心、我们的头脑以及我们的特殊才能。不过，这些卓越的品质都是从何而来的呢？这本书将带你踏上寻找答案的旅程。

旅程的第一站是生命的起源。现在，科学家认为生命起源于很久很久以前——大约40亿年前！那时候地球上出现了第一个细胞。那个细胞不断演化，最终演化出了我们这个物种——智人，学名是*Homo sapiens*，意思是“聪明、特别聪明的人”。（告诉你一件事，你其实特别聪明。不过我是科学家，科学家说话要讲证据，证据就是你正在读我写的书。现在，为了证明你真的很聪明，请接着读下去，看看对于如此聪明的你，科学家们有何高见吧。）

到了第二站，首先，我会给你讲讲爱情背后的科学。（都是化学物质在作祟……真是这样吗？）精子是如何使卵子受精的？受精卵是如何借助一种名叫DNA的非凡物质，逐渐发育成一个人的？接着，你会了解儿童是如何发育和学习的，了解为什么说教室后排的捣蛋鬼们不过是天性使然。最后，我们还要谈谈信仰，还有信仰与科学的关系。

接下来讲讲人类一些有意思的特点。幽默感和对音乐的热爱让你变得跟其他物种不同，所以我们有必要聊聊这些特质背后的科学原理。然后，咱们再讲讲生物钟，告诉你人为什么会困，为什么会饿，以及睡眠到底有什么用。

下一站是和医学有关的话题。比如寻找新药物的历程，还有人类是否能制造出“超级英雄”。这些想法也不算太离谱，毕竟我们正学着控制DNA呢！我还要给你讲讲未来机器人将如何接管全世界（它们真会这样做吗？），无人驾驶汽车是怎样进入人类生活的。对了，这一站还会介绍两种改变人类对太空认识的大型机器。

解谜之旅继续前进，你会看到：人类变老的时候会发生什么，人类死后身体会有哪些变化（这是比较残酷的部分，我们会介绍蛆虫，你要做好准备）。你还会了解到人类试图把身体冷冻起来，再让它复活！

倒数第二站，咱们换一些轻松的话题，我们一起猜一猜人类可能会怎样灭绝——虽然人类灭绝时，你和我很有可能早就不在这个星球了。可是，你知道吗？在漫长的历史中，生命有六次都差点儿灭绝了，但不知为何，最终都留下了一丝火种。幸好是这样，不然我不可能存在，这本书也不可能被写出来，你就不能读到这本书了。你肯定知道我是什么意思。这样想是不是就挺庆幸的，嗯？

好啦，别垂头丧气的，到了解谜之旅的终点站，我要给你讲的是，我们人类如今的处境更好了。所有的迹象表明，人类的境遇在不断改善，要是地球上所有生命都是这样就更好了。我希望这本书给你带来的不仅仅是乐趣，还可以让你对未来满怀期待。

我告诉你的这些内容，都是科学想要告诉人类的。科学非常伟大，而且能给人类带来巨大的满足感。科学研究是辛苦活儿，科学家们花了很长、很长、很长时间才搞明白我们现在知道的事。研究的过程中，科学家们也走了一些奇怪的弯路，比如水蛭放血、鸡屁股疗法、在种子上撒尿、满是回形针的宇宙……不过，科学发展总体来讲还是一路向好的。

世界上最古老的科学学会，是艾萨克·牛顿、罗伯特·波义耳等科学家于1660年在伦敦成立的英国皇家学会。如果你具备科学思维，那么对这个学会的格言一定深有感触。他们的格言是“Nullius in verba.”，这句拉丁文翻译过来是“不要轻信任何人的话”，也就是说——拿出证据来！关于周围的世界，我们得始终保持好奇。在科学聚会上，你只有拿出充分的数据，人们才会用心听你的观点。

这个世界让人疯狂、困惑，有时候还会让人沮丧，而科学能给人类带来巨大的慰藉。我一直把科学当成自己的好哥们儿，希望它也能成为你的朋友，而这本书就是你们友谊的桥梁。来吧，跟我一起，做好准备。还有，要记住：永远质疑，永远好奇，永远享受乐趣。这样你就有科学家的样子了！

目 录

第一章

超级细胞，生命的第一步

有人认为，生命的故事开始于两个嬉皮士（指具有反叛精神的年轻人）和一条会说话的蛇[01]。还有人相信，是一颗巨大的宇宙蛋[02]，或者是一条彩虹蛇给世界带来了生命[03]。这些说法中或许有真实的部分，也的确有许多人仍然相信这些创世神话。但是要记住，身为科学家，我们不能轻信任何人的话，得亲自调查研究。

地球上的生命从何而来？这个问题十分重要，科学证据会向我们透露什么信息呢？要回答这个问题，得用上科学能够动用的所有手段——从化学到生物学，从地质学到天体物理学。这是个大谜题，而科学最擅长的就是解谜。不过，关于岩石、矿物质究竟是怎样变成生物的这个问题，科学家依然无法给出完整的回答。一团黏土怎么可能说活就活了呢？当然，我们也不是一筹莫展，如今我们已经可以合理地解释生命如何起源，又是如何一步步孕育出了我们人类。

猜猜地球的年龄

想要解开这个大谜题，我们首先得了解地球的前世今生。不然就本末倒置了，就像如果把车套在了马的身前，任何马都会一头雾水，完全不知所措。那么，地球到底多大年纪了？长久以来，人们以为的地球历史比实际短得多。这不难理解。我们能记住过去十多年的时光，差不多就是从你出生到现在这么长时间。若是一千年呢？十万年呢？一百万年呢？我们很难对这样的时间跨度有清晰的认识。

爱尔兰主教詹姆斯·乌雪（James Ussher）是尝试推算这颗行星年龄的第一人。他去图书馆寻找答案，主要参考的是《圣经》。（图书馆是上了年纪的人借书的地方。能上网谁去图书馆哪？）他努力推测出的结论十分具体——地球诞生的日期是公元前 4004 年 10 月 23 日。他甚至精确到了具体时刻，声称“创世工作”是从下午 6 点开始的，当晚午夜前就完成了……只要 6 个小时？这活儿干得可真快，你只要看上 12 集最爱的动画片，一切就结束了。

之后，另一名爱尔兰人约翰·乔利（John Joly）于 1899 年再次尝试估算地球的年龄，这次登场的是一名物理学家。他通过海水的咸度推测地球的历史大约有 9000 万年。这个数字靠谱点儿了，不过离正确答案还有十万八千里呢！

最终，科学家成功推算出了正确答案，他们通过测量岩石中的放射性来判断这块岩石的形成时间。利用这种方法，他们推测出地球的实际年龄是……当当当当……45.4 亿岁！

现在我们知道，太阳系是逐渐变成今天的样子的，在这个过程中，有的科学家认为，旋转的气体和尘埃在引力（一种让万物互相吸引的基本力）的作用下，聚集在一起形成了地球，成为距离太阳第三近的行星。这个过程耗费的时间可不止 6 个小时 —— 很遗憾，乌雪先生！客观来说，许多绝顶聪明的人都在研究过程中犯过错，但这就是科学和学习的美妙之处。人人都会犯错。因为在搜集证据、不轻信任何人的话这个过程中，出错是难免的。

超级细胞登场

那些岩石告诉我们的不仅仅是地球的年龄，它们还告诉我们，地球年轻时大气里充满了有毒的化学物质。这并不是生命安家落户的友好环境，所以数亿年来，地球上全无生迹。

那时的地球就像一口巨大的、冒着泡的汤锅，化学物质在里面随机生成、消失，或与其他化学物质发生反应。海床上的火山口冒着热气，天空中电闪雷鸣，给化学物质互相撞击、发生反应提供所需的能量。当时的地球仿佛一支巨大的试管被架在火上烤，里面盛满了化学物质和气体，还闪着电火花。不知怎的，所有随机的化学反应竟然孕育出了第一个生命体！此时应有锣鼓喧天、鞭炮齐鸣，甚至我们应该起立鼓掌。但可惜的是，当时无人在场见证这一切。

科学家们认为，这一事件大约发生在 42.8 亿年前[04]。不过这第一个生命并不像你我这样复杂，甚至跟你养的仓鼠都没法比。它是一种单细胞生物，我们称之为细菌。它会吸入不少营养物质（样子跟你的老师喝咖啡差不多），分裂产生细菌宝宝。科学家还给它起了名字——LUCA（卢卡）。LUCA 是“最早的共同祖先”（Last Universal Common Ancestor）的意思，当然，尽管这名字看着像意大利人的名字，但它可不是意大利细菌！你可以把 LUCA 看作地球上所有生命的曾曾曾曾（此处省略无数个“曾”）祖父。

所有生命都来自一个细胞，这个观点可能让你的脑袋里充满问号（就像做代数题时一样）。我们知道，人类只占地球上所有生物的万分之一[05]。我们身边大多数生物都是植物和细菌。然而，身为万分之一的人类竟然毁灭了地球上 83% 的野生动物和近半数的植物……不太妙。人类是这么聪明的一种生物，不应该骄傲自大。

在试图解释生命的第一颗小火花是如何出现时，科学家们面临巨大的困难，因为组成这个生命的化学物质非常脆弱。它们不喜欢高温（想想你煮鸡蛋时的情形——鸡蛋“面目全非”了）、酸性环境，甚至连氧气也不喜欢。最后这一点出乎很多人的意料，因为人们经常将氧气视为生命存活必不可少的东西。对人类来说是这样，我们有氧气才能……比如说，呼吸。不过，氧气本身毒性也不小。总之，想要解释生命是如何成功排除万难的，我们得借助一则童话故事了。

如果你没有读过《金发姑娘和三只熊》，我可以给你简单介绍一下故事梗概。一天，一个长着漂亮的金色头发的可爱小姑娘在森林里闲逛。她决定趁三只熊出门做自己的“熊事”的时候，闯入它们的房子里——没礼貌！她走进去坐在它们的椅子上，看看电视剧，吃点它们的粥，再躺到它们的床上睡一觉……胆子可真不小啊！不过她尝试的一些东西并不怎么适合自己。比如，她尝的第一份粥太烫了，第二份太凉了，第三份才刚刚好。她睡的床也是一样，一张太大，一张太小，第三张才刚刚好。

现在，我们回到年轻的地球上来。经过了漫长的时间，地球上的环境才变得“刚刚好”。万事俱备，最终演化出所有生命的那个细胞出现了。LUCA 闪亮登场，准备把这份刚刚好的“粥”一扫而空。LUCA 还能自我复制，不过，它每次复制的时候，都会出一些小差错——这一点很重要，这意味着复制产生的有些细胞会稍有不同，于是产生了不同的物种。这些细胞中，有的生存能力、自我复制能力更强，也就是我们熟知的“适者生存”，也就是生物进化的过程。

大约 5.41 亿年前，地球上绝大多数的动物种类在很短的一段时间内出现了。这个“时间窗口”持续开放了 2000万—2500万年（我知道，这是相当长的一段时间了，不过从万物历史的角度来说，这段时间几乎转瞬即逝），这段时期被称为“寒武纪生命大爆发”。

从 LUCA 到我们人类，生命经历了非常非常漫长的旅程。人类是地球上的初来乍到者。如果想要理解人类出现在地球上的历史有多长，有一个非常好的方法，就是把整个地球历史比作一天的 24 小时。这样对比，你会发现当我们人类满怀着对礼物的兴奋、对蛋糕的期待，来到地球这个大派对的时候，距离午夜只有 17 秒了。呃！我一辈子都是这样，什么乐子都错过了！

了不起的植物

大约 30 亿年前，地球上发生了一件大事——植物出现了。我们往往认为植物只是绿油油地默默长在一处，但对地球上的生命来说，它们十分重要。它们是地球上唯一能够利用太阳能合成食物的东西，有些食物最后会成为我们的盘中餐。植物合成食物并释放氧气的过程叫作光合作用。

除了植物以外，地球上的其他物种都没有这种了不起的技能。你看，无趣的小草、烦人的树篱，这些植物看上去似乎很不起眼，但要是没了它们，我们人类都得玩完。

让我来解释一下。想象一下，你要进行这样一个科学实验：在晴朗宜人的日子里，把三种生物 A、B、C 分别放在太阳底下晒，假设晒 5 个小时吧。A 是一卷长长的草，B 是一头牛（我知道有人可能会问，去哪儿临时找一头牛呢？咱就假设已经找到了），C 是一位烦人的表亲或同学。让他们在太阳下面晒 5 个小时，B 不会有丝毫改变，除了感觉有点热以外，它在结束之后可能要去树荫下卧上一会儿。C 可能会晕倒，脸上身上会被晒得发红、长斑，除此之外没有变化。但是，A 能够自己生产出自己当天所需的全部食物。

没错，植物是所有生物的推动力。动物和人类都不能利用太阳能合成自己的食物。无论我们顶着太阳晒多久，也变不出植物那套神奇的戏法。光合作用的一个副产品是氧气。正如我之前所说，氧气是一种有毒气体，它能产生氧化作用，铁生锈就是氧化作用的结果。所以，生命得找到对付氧气的办法。别说，它还真做到了。通过适者生存的筛选，能够对付氧气的细胞活了下来。你猜怎么着？你就是那个细胞的后代。现在，氧气赋予了生命更强劲的动力！

那么，在世界上有外卖之前，我们的食物都是谁送来的？事情其实简单得很，但同时也复杂得很。你看，上面所说的三种生物在这一点上会相互合作。草利用阳光给自己合成糖类物质，也就是食物。牛溜达过来，心想："嗯……这青草一看就好吃。"然后开始大快朵颐。牛吃了一天，肚子撑得圆滚滚，需要好好休息一下。这时，一个人类就举着刚磨好的闪闪发亮的矛过来了，哞哞叫的倒霉牛就变成了第一个牛肉汉堡。人类美餐一顿，打了个饱嗝，在猛犸堆里辛苦逛了一天之后，美美地睡了一觉。谢啦，植物！

我们是宇宙中唯一的智慧生命……吗？

更神奇的是，科学家发现了越来越多具备生命宜居条件的行星，这些地方叫作"金发姑娘地带"。最新统计表明，大约有 400 亿颗这样的行星，它们与自己的恒星保持合适的距离，这个距

离能让孕育生命的化学反应发生，就像地球一样。从科学和数学的角度来讲，这意味着我们不太可能是宇宙中唯一的智慧生命。在地球之外的某个地方也许就有一个外星人，他正一边吃着炸薯片，一边狂看《辛普森一家》[06]或《倒忌时》[07]……

最近，人类发现一个可能可以孕育生命的天体，它叫土卫二，是土星的一个卫星。叫土卫二，不是土味儿，不过满是尘土的岩石可能确实有土味儿。土卫二围绕土星旋转。1997 年，美国国家航空航天局（NASA）和欧洲空间局（ESA）共同实施了一项计划，向土卫二发射了“卡西尼 - 惠更斯”号探测器。这艘飞船离开地球后，用了大约 7 年时间，穿越了 20.47 亿千米的漫漫长路，终于在 2004 年 7 月 1 日抵达土卫二。这是一次不可思议的旅程。如果你以每小时 50 千米的速度开车走同样长度的距离，大概要花 3000 年才能抵达终点！（中间还不能停车上厕所。）

不过，你大老远跑过去图啥呢？唉，科学家观察到，土卫二表面覆盖了一层厚厚的冰，有巨大的喷射流冲破冰面，他们希望了解喷射流是由什么组成的。“卡西尼 - 惠更斯”号凑近了，发现喷射流里面有氢气——一种相当不错的能量来源。这种能量正是植物利用阳光，通过光合作用产生的。这是能让生命启动的能量。

我们不知道的是，这些完美的行星中是否有一个会孕育出像人类一样的智慧生命……是的，就像你一样！科学家十分确信，这些行星一定拥有其他生命系统，但是，其中是否演化出了复杂的生物还是一个大大的问号。一碗温度“刚刚好”的粥比粥的发明更重要。

第二章

基因地图，人类智慧的轨迹

你现在指挥着的四处行动的身体，跟古老的先人们在20万年前使用的，几乎别无二致。我们都是生活在20万年前的古人类的后代——智人。我们这个物种的学名是*Homo sapiens*，这个拉丁词语翻译过来的意思就是“聪明，特别聪明的人类”，双重肯定，这说明我们肯定相当聪明了，但我们人类并不是一直都这么聪明的。就在不久前，他们还把粪便涂抹在箭头上，当作毒箭射向敌人[08]，还会用鸡屁股蹭胳肢窝，希望用这种方式治疗黑死病……没错，当时的人类就那样！

你也许会为当时的人类感到遗憾。毕竟，那时候世界上还没有智能手机，没有空间站，他们对病毒和互联网之类的事情一无所知……Wi-Fi是什么东西？但是，在这20万年中，人类有了很多发现和发明，这些东西的出现恰恰说明我们人类确实聪明。如果当时的人类穿越到现在，我们也能教会他们目前人类掌握的东西。他们甚至可以被训练成民航飞行员、医生或者政客。

最开始，我们人类运用自己独特的智慧，只是为了让自己活下来。

于是，我们学会预测干旱是否即将来临，学会保护自己的孩子，学会以团队合作的方式捕猎动物当晚餐（很遗憾，那时候可没有外卖），学会面对痛失亲友……我们为何跟地球上的其他物种如此不同？这里面有一个关键的科学问题：我们是怎样成为现在的我们的？

生命的配方

要搞清楚这类问题，我们得从 DNA 开始讲起。DNA 的全名叫作脱氧核糖核酸，它就是能够制造出一切生物的配方。这个配方是以化学编码的形式书写而成的，这些化学编码则由核苷酸搭建而成。DNA 中的核苷酸有 4 种，分别以 A、T、C、G 四个字母作为代表。它们像穿在线上的一串小珠子，每种核苷酸就像一种不同的珠子。它们连成一串，组成了你的染色体——含有 DNA 的结构。

你身体内串在染色体上的珠子的总数约 60 亿，惊人吧。数量如此庞大的珠子，要是一颗颗串起来也费不少事呢，不过这个数字千真万确。DNA 实际上是由两条单独的链缠绕在一起组成的，这两条链扭成了标志性的双螺旋形状，有点像梯子，不过是绕着中心旋转的梯子。这种结构使它变得稳定。

最早发现这种结构的科学家有四位，分别是詹姆斯·沃森、弗朗西斯·克里克、莫里斯·威尔金斯和罗莎琳德·富兰克林，当他们意识到自己发现的东西时，根本不敢相信。沃森和克里克跑到当地的酒吧（剑桥的老鹰酒吧），大喊：“我们发现了生命的奥秘！”为什么这样说？嗯，要是我们观察一下这两条互相缠绕的链，就会发现一些更加惊人的事实。比如，如果在一条链上一个确定位置的珠子是 A，那么另一条链上跟它相对的珠子一定是 T。它们就像乐高积木一样扣在一起。如果一条链上某个位置的珠子是 C，另一条链与之相对的珠子一定是 G。它们就像梯子上连接两边的梯级，把梯子的两边连在一起。

沃森和克里克两人由此受到了启发，他们认为传递遗传信息、形成新细胞的过程需要解开这两条链。然后，当一条新链合成时，新链上的每个珠子都要跟解开的旧单链相应位置的珠子一一配对、扣在一起。在一瞬间，他们发现了生命的奥秘——遗传信息如何传递给下一代。A 与 T 配对相扣、C 与 G 配对相扣的规则适用于地球上所有生命形式，这个规则在第一个细胞中就开始了，也就是所有细胞的共同祖先（还是我们的朋友 LUCA）。

现在，一旦你掌握了一条链——已知 A、T、C、G 顺序的 DNA——上珠子的序列，也就掌握了生命的配方。尤其重要的是，序列指导细胞合成蛋白质是一个非常复杂的过程。被称为基因的一连串核苷酸能合成特定的蛋白质。蛋白质是生命的物质基础，是蛋白质创造出你这样活生生的动物，它们可能让你头上长出角，或者决定你的毛发是否旺盛，决定你是高还是矮。

我们能够比较不同物种 DNA 序列的差异。爱尔兰分子生物学家德斯·希金斯和同事们为此设计出了一个计算机程序：把不同的 DNA 序列排列在一起，比较它们之间的相似度。我敢打赌，他们肯定一边干这件事一边还玩着《我的世界》[09]。

事实证明，香蕉 DNA 链上一半的珠子，跟人类 DNA 链上一半的珠子序列基本上是相同的。我们和香蕉共享了一半的配方。不幸的是，我有些朋友比没熟的香蕉还要“蕉（焦）绿（虑）”。

把人类的 DNA 跟黑猩猩和倭黑猩猩的进行对比就会发现，我们的 DNA 配方大约有 95% 和它们的一样，这证明我们和它们的亲缘关系很近。大约 200 万年前，我们和它们有共同的祖先，那是一种长得很像黑猩猩的动物。它产生了几支后代，随着时间慢慢推进，有两支后代的 DNA 序列之间产生了 5% 的差异，其中一支成了我们人类的祖先，而另一支成了黑猩猩和倭黑猩猩的祖先。我们在上一章提到过，DNA 配方每次被复制时，都会出现一点点差错。这些差错积累起来，就产生了我们和黑猩猩、倭黑猩猩之间那 5% 的差异。问题在于，不知道这 5% 当中，究竟是什么导致我们演化成了会用智能手机的动物，而黑猩猩和倭黑猩猩没有。可能是一种让声带变得适合说话的配方，也可能是让大脑更善于思考的配方。但到底是“金嗓子”还是“脑白金”，对此我们毫无头绪。

有一种理论认为，人类具备一种特别的特征，叫作“创造力”。有了创造力，我们学会了制作工具和生火。我们发现需要穿衣服抵御不利的气候；发现把食物弄熟再吃，有助于消化，摄入的能量也更多。

我们的身体变得更强壮，行动更迅速，头脑更聪明了。我们开始直立行走，这也带来了一项优势：我们的双手得到了解放。这让捕猎的效率更高了，我们能够更好地留意周围的危险。

后来，我们变得社会化，开始给自己设置社会等级，开始沉迷于对地位的追逐。这有点像逢年过节你不爱搭理的那位势利眼姨妈没完没了地说，她的香水提炼自喜马拉雅山上的神奇花朵，这种花每隔十年才会选一个星期二在十点半开放。不开玩笑，这种对地位的痴迷能够解释今天人类的很多现象，同时也影响了我们的很多决策：住什么样的房子，开什么样的车，以及喜欢什么样的运动鞋。

与生俱来的求知欲和探索欲推动着我们变成了地球上的优势物种。其他动物身上也具备这些品质，只是不像我们这样显著。黑猩猩能把小树枝上的树叶剥下来，当作抓昆虫的工具；大猩猩能利用树枝做的

拐杖横渡比较深的河流。我们可比它们强多了。我们能够创作绘画、音乐、诗歌，还能表演戏剧。其他动物虽然花在创造、欣赏艺术方面的时间并不比人类少，可它们的艺术感都不如我们。也没有任何动物会像我们人类一样费尽心思，思悼已故的亲友。

从非洲的稀树草原出发，我们的祖先带着上述特征迁往世界各地。这场迁徙开始于约 9 万年前，我们的祖先开始变得躁动不安，于是踏上了走出非洲的旅程。相关的证据来自对人类骨骼化石的年代考据。他们之所以会离开非洲，可能是因为那里过于拥挤，也可能是因为意外——一个部落游荡到了中东地区，回不去了。还有证据表明，我们的祖先中只有很少人踏上了这场旅程，而今天所有的欧洲人、亚洲人和美洲人都是这支勇敢队伍的后人[10]。

我们的祖先迁徙到了一个适合植物生长的地方。最初注意到这一点，也许是由于他们在途中掉下了植物的种子，并发现那里长出了同样的植物。于是，人类发明了农业。这意味着我们必须生活在更大的社区，并定居在一个地方。可这是一个糟糕的举动，因为那些在人群中传播，或者可能从我们驯养的猪、羊等动物传播给人类的疾病，都会找上门来。

随后，天平渐渐发生了倾斜，少数幸运儿变成了“有产者”（拥有种子或土地的人），大多数人作为“无产者”（必须为“有产者”工作的人）痛苦地生活。人类变得贪婪，开始去别的地方，强占别人的部落。欧洲人热衷于侵占别人的地盘，他们瓜分了美洲和非洲。不幸的是，我们今天仍然生活在一个非常不平等的社会中。

七万年前的家族“团聚”

我们的祖先离开非洲之后，在大约 7 万年前的欧洲，遇见了远房表亲——尼安德特人。他们是人属[11]（*Homo*）下的另一个物种，人类与尼安德特人的共同祖先生活在大约 60 万年前。那个祖先的一些后代成了我们人类——能在毕业考试，或者远古时期类似的能力测试里拿满分的“别人家的孩子”。

尼安德特人在脑力方面就没有这么出色了（尽管最近有研究对这一观点提出了挑战），但不可否认的是，他们日子过得还是十分兴旺的。科学家认为，生活在欧洲的尼安德特人数量可能曾一度达到 100 万之多。然后，他们就遇到了我们的祖先，并在大约 5000 年的时间里彻底灭绝了。有可能是因为我们比尼安德特人聪明，所以就彻底消灭了他们；也有可能是我们带来了一种可怕的病菌，他们对此完全没有免疫力；还有可能我们并未痛下杀手，只是随着人口的增长，在数量上超过了他们。

令人惊讶的是，有研究发现，智人携带的一些基因来自尼安德特人。也就是说，我们很有可能是祖先与尼安德特人交配产生的后代。尼安德特人手指拖地，有厚厚的额头，就像电影里的穴居人。有少量的证据表明，他们的艺术感可与人类相提并论，并且他们还会埋葬同类的尸体。不过，更多有说服力的证据还没被发现，所以目前还不能下定论。但可以肯定的是，智人和尼安德特人确实是非常亲密的邻居。我们现在知道，智人约有 2% 左右的 DNA 来自尼安德特人。难怪我的朋友犯傻

时，我总觉得他身上可能尼安德特人的基因更多些……

这些尼安德特人的基因中就有肤色苍白的“配方”。人类从非洲走出来的时候是黑皮肤，也就是说，今天欧洲人的苍白皮肤有一部分可能要归功于尼安德特人。在阳光较弱的北半球，皮肤苍白很可能是一种优势。因为皮肤经过阳光照射后会产生维生素 D，这对人类的骨骼健康和其他方面都很重要，而苍白的皮肤能最大限度地使阳光穿透进来。所以尼安德特人的 DNA 可能帮助我们适应了没有充足阳光的生活。

不过，并非所有来自尼安德特人的 DNA 都是有益的，还有一部分使我们更容易患病。我们的生活方式，比如饮食结构等，可能与尼安德特人不同，再加上尼安德特人基因的作用，人类患某些疾病的风险提高了。

虽然，我们从尼安德特人那儿遗传到了某些容易致病的基因，但是我们也从尼安德特人那里获得了能提升免疫系统功能的基因。尼安德特人之所以能演化出这些基因，可能是为了在欧洲更恶劣的环境中生存下来。他们在生活中，可能更容易受伤——也可能是因为尼安德特人之间常常暴力相向，谁知道呢——因此更容易感染。免疫系统更强大的尼安德特人幸存下来，而这些基因最终传给了我们。

如果我们从欧洲来到亚洲，就会发现，有证据表明，尼安德特人曾在这里与另一个人属物种杂交，这个物种叫作丹尼索瓦人。这类人与尼安德特人以及我们的亲缘关系很近。还有证据表明，丹尼索瓦人也与智人进行了杂交，并把基因传递了下去，这一点从美拉尼西亚人（生活在巴布亚新几内亚）和澳大利亚原住民的遗传情况就可以看出来。

后者值得专门讲讲，因为澳大利亚原住民在大约 6 万年前“抵达”澳大利亚，比他们的表亲进入欧洲的时间要早得多。他们就像抛下家族、背井离乡的亲戚。若干年后的 1770 年，库克船长[12]在澳大利亚登陆，这个家族离散多年的分支后代终于“团聚”了。然而，这次家族“团聚”对原住民表亲来说并不是什么好事情，当亲戚们来敲门的时候，他们却要躲在沙发后面——到现在，他们还在为这次“团聚”付出代价。

目前对人属中这三个分支的看法是：他们都是同一个物种的后代。在 30 万至 40 万年前，该物种生活在非洲，但其中一部分离开了非洲进入中东。后来，他们又分成两支：进入欧洲的分支后代成了尼安德特人，去了亚洲的分支成了丹尼索瓦人。到了 13 万年前，那些留在非洲的最终演变为我们——智人。

大约 7.5 万年前，我们迁徙到欧洲和澳大拉西亚[13]，与我们失散多年的表亲，即欧洲的尼安德特人和亚洲的丹尼索瓦人交配。大约 2 万年前，亚洲的分支迁徙到了美洲，他们的后代成了美洲原住民。

最后，在 1492 年，人属家族又出现了一次“团聚”，这次是欧洲分支与经亚洲来到美洲的表亲的“团聚”。[14]同样，这对美洲原住民来说也没有什么好结果。不过，美洲也许是一个大熔炉，智人的所有分支，无论是携带一点尼安德特人 DNA 的人，还是携带一些丹尼索瓦人 DNA 的人，都可以和他们的 DNA 融合，这带来了各种优势，也带来了到今天还未解决的挑战。

无论怎么看，人类之间存在着千奇百怪的差异，但也是一个聪明的大家族，我们共享这个美得惊人的星球。因此，我们应该像所有优秀的家族一样，停止争吵，尝试与聪明的兄弟姐妹和谐共处。毕竟，人类经过了漫长的演化，以及反复多次的突变、冒险和探索，才逐渐完美，成为现在的人类，也就是你现在的样子。

基因工厂大揭密

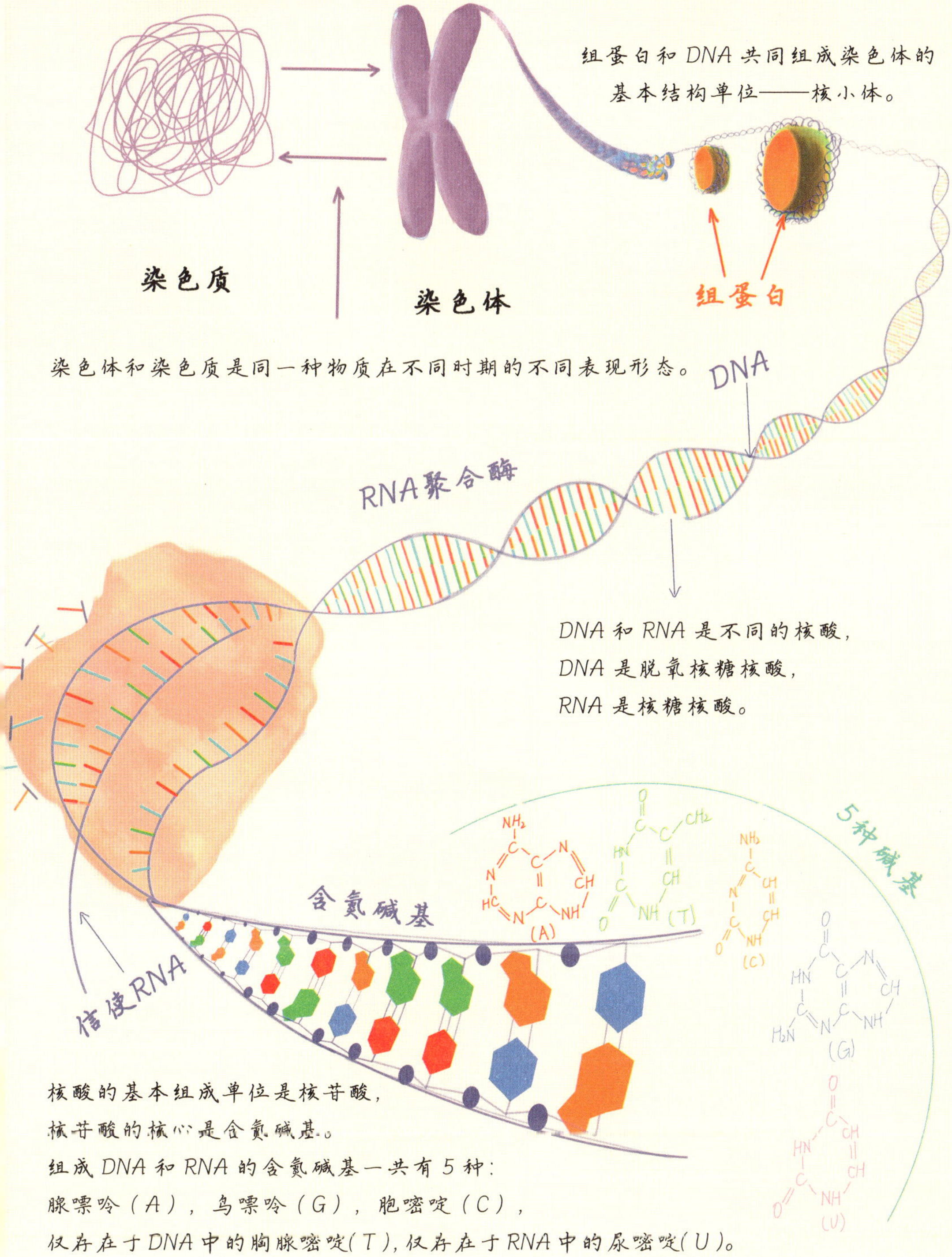

组蛋白和 DNA 共同组成染色体的基本结构单位——核小体。

染色体和染色质是同一种物质在不同时期的不同表现形态。

DNA 和 RNA 是不同的核酸，
DNA 是脱氧核糖核酸，
RNA 是核糖核酸。

核酸的基本组成单位是核苷酸，
核苷酸的核心是含氮碱基。
组成 DNA 和 RNA 的含氮碱基一共有 5 种：
腺嘌呤（A），鸟嘌呤（G），胞嘧啶（C），
仅存在于DNA中的胸腺嘧啶(T)，仅存在于RNA中的尿嘧啶(U)。

第三章

关于爱情的科学大调查

要是没有爱情，我们谁都不可能存在。是爱情创造出了人类的每一个个体。我们的生命最初都是一个精子和一颗卵子，或者说一颗蛋。没错，你曾经是一颗蛋，并不是煮鸡蛋或者炒鸡蛋的那种蛋，更不是像奇趣蛋那样的。你曾经只是一颗小小的蛋，经过短短的 9 个月，这颗蛋长成了你——一个完美的蛋仔，哦不，人类。

今天，当一名女性感觉自己可能怀孕时，她要进行一种“仪式”：在一根塑料棒[15]上撒尿。这根塑料棒能告诉她是否怀孕了。人类通过特殊的“仪式”来检测女性是否怀孕的这类做法已经延续了几个世纪。古埃及人面对可能怀孕的“妈咪（mummy）”也有自己的“小妙招”。哈！说起来，“mummy”这个词还有木乃伊的意思。对不起，有点跑题了。埃及人会让可能怀孕的女性在小麦种子上撒尿，如果种子开始发芽，就意味着她怀孕了。是不是挺意外的？更令人意外的是，这法子还挺灵的，而且科学家们已经证明，这种测试到现在仍然有效。

但是在怀孕之前，人类还要为此付出诸多努力。

一个自带吸引力的话题

人们一开始是怎么走在一起的？在过去的岁月中，媒人承担了这项重要的工作，帮助情侣们走到一起。婚姻中介的历史悠久。在古罗马，人们认为是爱神丘比特让人们走到一起的，因为即使在那个年代，相爱的这个过程也显得很神秘。到了 20 世纪末，有人发明了快速约会，让爱情更有效率地发生。

关于生理上瞬间产生的吸引力这 话题，我们总是说不清它到底是咋产生的。我们难以用科学的方式去研究它，因为在实验室环境中，要还原这种吸引力几乎是不可能的。明亮的灯光和穿着白大褂的人都怪扫兴的！那么，你在人群中多看了一个人一眼，冒出了“嗯，我喜欢他的样子”的念头——关于这个时刻，你能够知道些什么呢？

首先，有一类不可思议的物质，科学家称之为“信息素”。这是人类汗水中一种神奇的化学物质。众所周知，信息素在动物王国中发挥着重要作用，为什么人类就没有呢？准备交配的母狗会释放信息素，几千米外的公狗就能察觉它们并开始嚎叫。昆虫主要通过释放信息素来吸引配偶。这种交流是无意识的，我们甚至不知道它正在发生。

人们花了大量资金研究信息素。你肯定会问：“什么？研究汗水？”千真万确，而且对生产香水和须后水的商人来说，这是能赚许多钱的大生意，他们的梦想是制造出完美的爱情药水。不知道你愿不愿意参与其中的一些研究，比如去闻沾了汗水的 T 恤衫！他们还在研究汗水中的神奇成分。

最近出现了一些出乎意料的科学发现，可能会给“吸引力问题”的研究带来更多启示。其中一个发现是，我们倾向于选择与自己类似的人。事实上，有证据表明，你会被那些长得像自己亲戚的人吸引。第一反应是：有点恶心！科学家们还不清楚人类为何会有这种倾向，可能是这种选择被拒绝的风险较低。如果你选择一个跟自己非常不同的人，他们可能会把你看作来自另一个部落的人，并可能担心你会伤害他们。还有可能是因为长得像亲属的人更容易相处，并愿意帮助你抚养孩子。另有研究表明，人们会被长得像自己父母的人吸引！更恶心了。

令人惊讶的是，科学研究还指出了我们其他奇怪的偏好，比如对称性。是的，“对称”就是你的数学老师一直在唠叨的概念。用谷歌（或者用一个叫“字典”的老派工具）搜索一下，你会发现“对称”这个词基本上是指某物的一半看起来跟另一半完全相同。科学家发现，我们喜欢别人面部呈现出来的对称性。这种对称性显然意味着此人身体健康、基因良好，是携手并肩生养孩子的好选择。

科学家说我们还有一个奇怪的偏好是手指。没错，就是手指，不是手指饼干或者别的什么手指零食，就是手臂末端的、尖尖的、皱皱的身体部位。请你坐稳了再往下看。有科学家说，事实上，女人观

察男人的无名指，不是为了看他是否戴着婚戒，也不是为了看他的指甲干不干净，而是为了判断手指的长度。现在，真正的原因马上揭晓……无名指比食指更长意味着这家伙出生前在妈妈的子宫里接触到了更多名为“睾酮”的激素。男性接触到的睾酮越多，他的精子就越健康，生育能力也就越强。科学家还推测，无名指长的男性可能更容易出轨——我没有针对谁，就是希望你能提高警惕。

其实，每个人的喜好都不完全一样。有些女性喜欢身材高大、臂膀宽阔、颌部宽大的男人，有些则不喜欢。一些研究表明，女性还喜欢从事危险活动的男人，如跳伞、拉力赛车，或被怒气冲冲的公牛在路上追赶。显然，这些活动能展示出勇气和胆量。信心似乎对男性和女性都很重要。人们觉得音乐家和运动员自信又勇敢，因为尽管有可能出错，但他们还是会当众表演。他们的自信和勇敢有一部分来自别人的欣赏或崇拜。然而，要避免过度自信，尽量别妄自尊大！

值得高兴的是，我们不是编好程序的粗糙机器，通过扫描某人的身体，闻闻他的气味，就可以判断是否喜欢这个人。正如每一位“爱尔兰玫瑰”[16]都知道的那样，个性也很重要。我们已经证明，善良能让一个人更有吸引力。研究人员要求人们对着面部照片评价照片上的人是否有吸引力。两周后，研究人员要求他们再次评估这些照片，但这次，有些照片上贴了“善良”或“诚实”的标签。你猜怎么着？与第一次相比，贴了这些标签的照片上的人更容易被评价为有吸引力。

这些研究之所以如此困难，是因为我们每个人似乎都有自己的偏好。有些人喜欢小脚，有些人喜欢西装，有些人喜欢光头的男人。当然，也有一些特质是大多数人普遍很看重的：皮肤无瑕、头发有光泽、身上干净。这些特质似乎在所有文化中都是普遍受欢迎的，它们被视为健康、年轻和优良基因的标志。除了外在特征以外，性格特征同样会起主导作用，因此，似乎每个人都有可能找到适合自己的人。

“恋爱脑”研究

一旦吸引力产生了，大脑中的激素就会增加，我们马上就会对这个人着迷、上瘾。所以，我们会看对方的短视频一看就是几个小时，会为了见到对方而在雨里徘徊，会焦急等待对方的信息，会回家时不由自主地经过他住的街道……科学家针对恋爱中的人的脑成像进行研究后发现，当给一个人展示他所爱之人的照片时，他们大脑中的奖赏中枢就会像灯塔一般亮起来。

但所有这些反应最终都会消失，如痴如醉的热恋期通常只持续一到六个月。必须如此！否则我们一整天除了深情凝视对方的眼眸以外，什么也不做，这跟疯子有什么区别？演化得保证这种状态适可而止，否则我们早就沦为剑齿虎的美餐了。

之后，我们会在更多激素的驱动下，产生一种被温暖拥抱的感觉，从而对这个人产生依恋。我们总是想和那个人厮守在一起，原因也和我们的大脑有关，

这就像我们心情很好的时候听到了一首歌，之后就想要单曲循环这首歌，重温同样的感觉。这个过程并不神秘，这只是科学而已。虽然弄懂了爱情背后的科学，但丝毫不影响爱情的特别。

人类的爱情未来可能会出现什么变化呢？也许会出现更复杂的在线相亲形式；你也许会给自己喷上 9 号爱情药水，从而更容易获得心上人的芳心；也许有一天，人们还可能将大量品质和遗传信息放入一个算法中，计算机程序将为你找到完美的另一半。

不过，肯定还是让爱情自然而然地发生更有趣，对吧？

第四章

精子 vs 卵子，显微镜下的爱情故事

正如我们在上一章了解到的，吸引力的科学其实就是，通过展现并感知不同的标志和信号，试图让人类对彼此感兴趣。这么做的目的非常简单：让人类走到一起，发生性关系，然后等宝宝诞生后给予照顾。这显然是一个非常复杂的过程，可如果没有这个过程，我们的物种就会灭绝。而我们这么费尽心机地产生吸引力，都是为了一件事：让一个小小的精子中的 DNA 与一颗小小的卵子中的 DNA 融合，也就是完成受精。此外，在这里我还想告诉你的是，我们这个物种进行这个过程已经至少 20 万年了。

大熊猫的难题

有些动物的受精过程可没这么容易。以大熊猫为例，这些黑白相间的可爱动物成年后过着独来独往的生活，很少遇到同类。研究表明它们甚至可能懒得交配。雌性一般只会在每年春天交配一次，交配持续 12～25 天。但在这段时间里，她的最佳受孕时间只有 1～2 天——

一整年只有 1～2 天。所以，即使一只笨拙可爱的雄性大熊猫遇到了一只雌性大熊猫，它也可能会错过这关键的时间段。是谁发明的这套机制？作为一个物种，它们是怎么活下来的呢？

难怪野生大熊猫只剩下不到 2000 只。与此同时，努力让圈养大熊猫繁殖的工作也令人头疼，比如在动物园里，即使动物园管理员创造了完美的环境——他们竭尽全力为大熊猫重现自然栖息地，例如给大熊猫创造共进晚餐的机会——但大熊猫仍然可能不会交配。动物园管理员注意到，它们似乎不知道如何做这件事。即使它们真的交配了，精子遇到卵子，并完成受精的可能性有多大？这种可能性很低，而且可能比我们人类低得多——女性壮年时受精的成功率大约是四分之一。

现在大熊猫繁殖的主要方法是人工授精。人们在实验室中给卵子授精，然后放回雌性熊猫体内。所以，它们在数量上并不占优势。嗯，它们还没有拇指[17]，整天坐在那里吃竹子……

出云蛋白：打开生命的钥匙

所以，回到人类自己身上：受精。这是一个关键时刻，我们选择穿什么衣服、在一个音乐很吵的派对上待到很晚、无休止地短信聊天、体验恋爱的麻烦和快乐，这一切的最终目的都是服务于这个时刻——精子最终与卵子相遇的那一刻。

进一步观察就会发现，仅仅相遇还远远不够，孕育一个全新的人仍需要大量努力。一个精子与一颗卵子成功融合，最终形成你的概率

微乎其微，大概是三亿分之一。为了能与卵子融合，这个精子必须是第一名，它必须游相当于从洛杉矶到夏威夷的距离——为了让你理解得更具体，差不多是4000千米——而且要比其他所有精子都快[18]。这样游泳会让你手臂酸痛得终生难忘。不仅如此，精子与卵子的融合还会遇到其他阻碍：只有五分之一的精子一开始就能朝正确的方向游动；有时女性的身体会排斥精子；即使它们到达了正确的位置，卵子周围也有一层坚硬的外壳，精子必须穿透这层外壳才能将自己珍贵的DNA送进卵子里面。

如果有个精子能通过所有这些难关，就能达成这个神奇的时刻——与卵子融合。尽管这整个过程对我们物种的生存至关重要，但直到最近，人们才将其发生原理弄清楚。2005年，日本科学家正在研究精子表面独有的一种蛋白质。他们发现这种蛋白质在识别其他蛋白质方面非常出色，是一种可以解锁卵子的蛋白质。科学家们将其命名为“出云（Izumo）”，这是日本“结缘圣地”的名字。没有出云蛋白的精子可能会到达卵子，为成功而“击掌庆贺”，但它们无法突破卵子坚硬的保护壳，因为它们没有打开卵子大门的钥匙……游了那么远，遇到这种事儿肯定很郁闷，之后它们能去哪儿呢？要是你碰上这种事儿，你会坐公交车回家，然后一路生闷气吗？

在地球的另一端，英国科学家加文·赖特（Gavin Wright）称，自己领导的研究团队在卵子上发现了与出云蛋白这把钥匙相匹配的“锁”。这是一种只存在于未受精卵表面的特殊蛋白质。他以古罗马神话中掌管生育和婚姻的女神朱诺的名字为这种卵子表面的蛋白质命名。朱诺蛋白非常聪明、独特，它只出现在未受精卵的表面，一旦精子打开了卵子，卵子表面的朱诺蛋白就开始消失……真是聪明的卵子。

一旦锁被打开，精子就会死亡，同时它将自己的 DNA 喷射到卵子中，与来自母亲的 DNA 融合在一起。有趣的是，精子和卵子在我们身体的所有细胞中是独一无二的。其他细胞的 DNA 都排列在 23 对、共 46 条染色体中，而精子和卵细胞只有 23 条染色体。当来自卵子的 23 条染色体与精子的 23 条染色体融合时，我们又有了 23 对、共 46 条染色体[19]。除了精子和卵细胞以外，每个细胞都有完整的一套 23 对染色体 DNA，因为从受精卵开始，每次细胞分裂时，DNA 都会被完整复制。每种植物和动物都有一套固定数量的染色体。例如，果蝇有 4 对染色体，水稻有 12 对，狗有 39 对。

现在这颗卵子完成了受精，成为受精卵。受精卵一开始是一个细胞，然后一分为二，再由两个细胞继续分裂，以此类推，直到形成一个发育完全的胎儿。有趣的是，这些细胞一开始都是一样的，叫作干细胞。然后，它们开始特化，变成你体内不同类型的细胞：有些变成你大脑中的细胞，有些变成你皮肤中的细胞，有些变成肝脏中的细胞，有些变成血液中的细胞……最后，构成你的所有细胞类型都到位了。

听上去很复杂？好吧，几十万年来，人类一直在没有外部指令的情况下做这些事情……也许可怜的熊猫可以看看那些铅印的生育科普手册，至少它们都是黑白的——抱歉，我不会再讲大熊猫的冷笑话了。

注意！男女有别

闪亮登场的全新受精卵会发育成雄性个体还是雌性个体，是由精子决定的。规则很简单：如果精子里含有一条名为 Y 染色体的特殊染色体，就意味着会发育成雄性；如果精子中存在一条叫作 X 染色体的染色体，意味着会发育成雌性。X、Y 染色体的组合将决定我们出生时是男孩还是女孩。

不知道为什么，出生的男婴数量总是略多于女婴——数量之比约是 51% 比 49%。但令人担忧的是，我们发现世界上一些地区的男孩数量正在下降。男人会成为历史吗？会变成和渡渡鸟、猛犸一样的灭绝物种吗？哦，天哪！

在过去的 50 年里，发达国家的男性精子数量减少了一半，出生的男性数量也减少了。这是什么原因导致的？一些科学家认为，这可能是气候变化、污染、肥胖、吸烟，或塑料造成的。另一项研究发现，雄性胎儿对气候变化的影响更加敏感。这意味着全球变暖导致的众多无法想象的后果

中，有一种可能是出生的女性比男性多非常多。

或许男性的消失是出于更简单的原因，比如看太多电视。不，这不是你妈妈付钱让我写的。研究表明，每周看电视超过 20 小时的男性，其精子数量少于只看电视 15 小时或更经常运动的男性。

科学研究表明，温度在造成这一尴尬局面中起着重要作用。精子喜欢凉爽的环境，不喜欢太热……太热不适合它们。医生会建议每一位准爸爸，如果能做到以下几点，他们将更有机会制造出一个和自己一样健康的全新人类，不开玩笑：

1. 穿宽松的内裤，是的，别再穿白色紧身内裤；
2. 不要整天在沙发上歪着；
3. 还有别太频繁骑自行车，车座似乎会带来麻烦……哎哟！

未来人类很有可能是人工制造的。也许有一天，人们会给皮肤细胞重新编写指令，让它变回精子细胞，然后用它使卵子受精。这听起来可能很疯狂，但科学家们已经成功地利用小鼠的干细胞做到了这一点。只要把干细胞引导到正确的方向，它们有潜力转变成任何类型的细胞。科学家们还用小鼠的卵子进行了这项研究，重要的是，健康的小鼠宝宝出生了。

也许，未来在人类身上也有可能发生同样的事情。想象一下：你把皮肤带到实验室，从中提取出细胞，让它们像倒带一样倒回到精子的样子，跟培养皿中的卵子结合。让出云和朱诺见面，快进一下！就像《英国烘焙大赛》一样，一个杰出的新人类新鲜出炉，很快他就能看见这个蓝色的地球了。

IZUMO（出云蛋白）是精子上的一种特殊蛋白质。

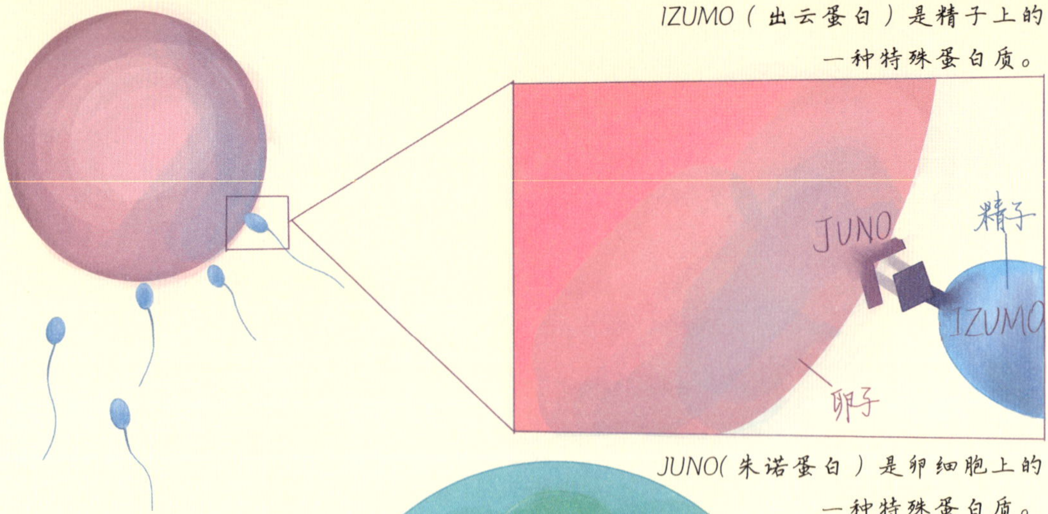

JUNO（朱诺蛋白）是卵细胞上的一种特殊蛋白质。

受精卵一开始是一个细胞，然后分裂成两个，再然后分裂成四个……以此类推，直到形成一个发育完全的胎儿。

有趣的是，这些功能迥异的细胞一开始都是一样的，叫作干细胞。

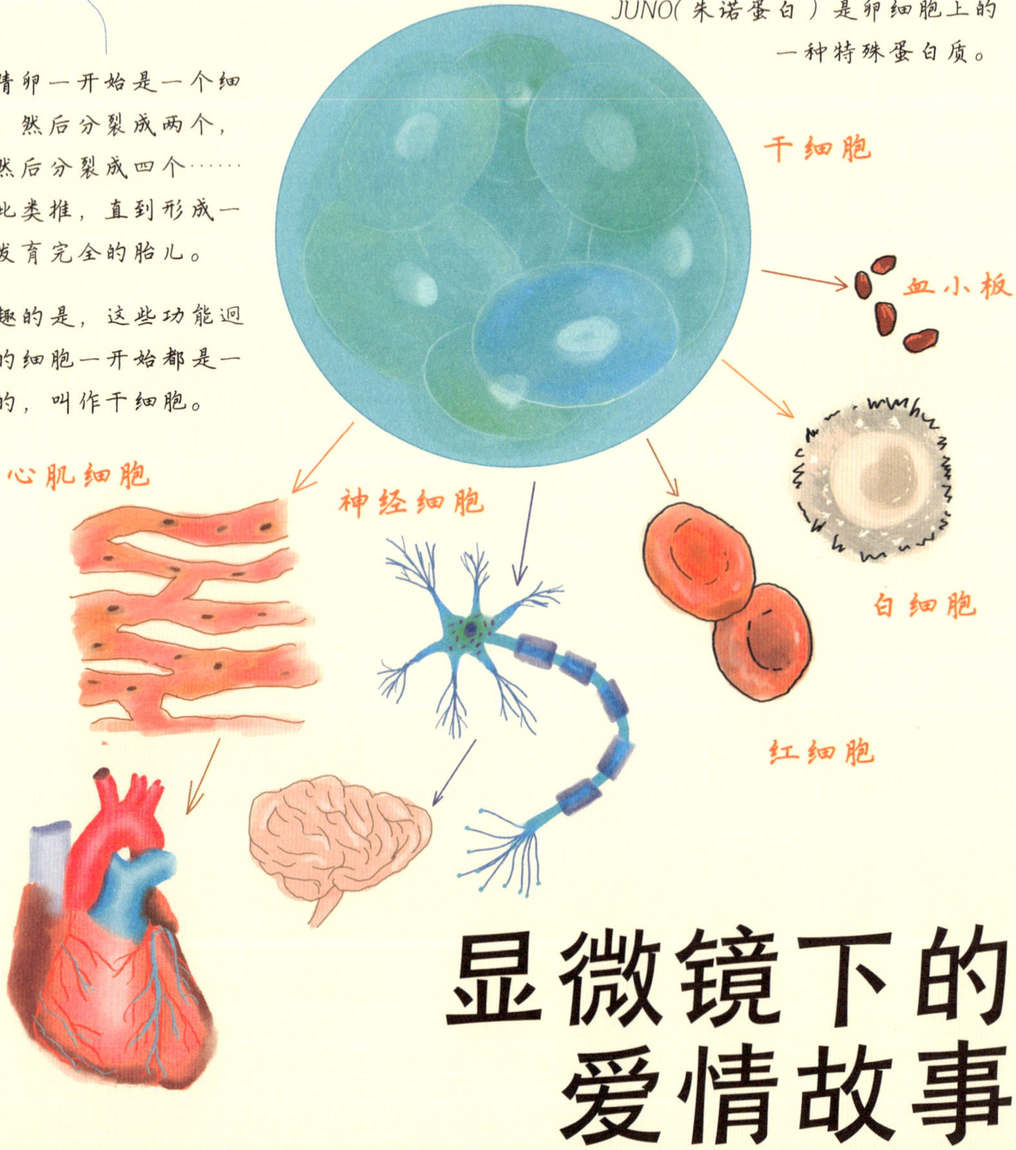

显微镜下的爱情故事

第五章

听妈妈的话

No1

你能想到的最“可怕”的生物是什么？你可能会说是凶猛的剑齿虎、三头怪，或者眼球能发射激光的外星人。但如果你真正仔细思考这个问题，动动你聪明的小脑瓜，你很快就会意识到，最“可怕”的生物是“火冒三丈的妈妈”。

想想这样的场景：在亲戚家，在超市，或者在放学回家的路上。你做错了事，正在心虚。妈妈见到其他家长或亲戚，都面带微笑，表现得挺温和。她点了点头，和其他妈妈或亲戚聊天，说着说着你们该走了，上车……救命！快来救命！车门关上了，地狱的大门就打开了。她的嗓门高了好几个八度，让你觉得如果被剑齿虎攻击，说不定还好一些！

但“火冒三丈的妈妈”会为了你以命相搏。相比之下，好莱坞电影和漫画书中的反派都逊色多了。妈妈知道，没有什么比你更重要，也没有什么能阻挡她保护你。当你还是一颗卵子的时候，她就开始为你担心了。可她并不是唯一为你担心的人。你可能不知道，但你身后确实有一群人在真心支持你。你的老师也一样，连政客都会担心你。即使他们像报丧女妖[20]一样对你尖叫时，也是一样！

天赋使用说明书：环境也很重要

严肃地说，长期以来，科学家、老师和妈妈们一直在争论你的未来会是怎样，你的人生路会受什么因素影响，其中一个重要的辩题是“先天还是后天影响更大”。你成功的机会是写在基因里的吗？还是后天环境更重要？可能的事实是，这是先天和后天共同作用的结果，或者更准确地说，通过后天环境的培养成就了你的天赋。

假设你有一个孩子，他有成为一名伟大鼓手的基因。如果你给他一套架子鼓、一堆打鼓的教材和一位优秀的音乐老师，他的天赋就会显露出来。（同时最好也给你自己一个隔音的房间，我是为你好。）一名好鼓手的基因组成是怎样的呢？目前还不清楚，也许我们应该从著名鼓手身上提取 DNA 样本来研究研究。

用汽车来打比方也非常形象：假设我们是拥有不同发动机的汽车，发动机就像我们的天赋。所有的汽车都需要汽油（发动机运行所需的后天环境），有些车所需的汽油更少，却能比其他车跑得更快（发动机的天赋充分发挥的结果）。同时，后天环境对发动机的天赋有着重要影响——你给汽车加什么油能影响发动机的天赋发挥到多大程度。因此，环境对不同的汽车至关重要。环境因素可以是汽油，也可以是道路状况。如果路况不好，不管发动机怎么加大马力，汽车还是哪也去不了。人类的基因制造出了大脑，就像汽车零件组成发动机一样。但要“发动机”运转起来也得有合适的环境。这意味着我们需要时刻考虑孩子的成长环境，无论是家里，还是学校。同时，为了让他们的天赋得以发挥，为了把他们成长路上的坑洼填平，我们还得付出许多努力。

要研究这背后所有的机制并不容易，观察一个孩子是如何成长发育的，需要花很长时间，而且其中总是存在很多所谓的混淆变量。假设你收集了人们晒伤和购买冰激凌的数据，结果发现，吃冰激凌越多，晒伤的可能性就越大。这是否意味着吃冰激凌会导致晒伤呢？研究设计是科学研究中最关键的部分。有很多研究被证明是不正确的，因为这些研究中存在一些错误设计，要么是研究规模太小，要么是变量控制不当。

科学家研究先天与后天影响的一种有效方法是研究生活在不同环境中的同卵双胞胎——两个几乎拥有相同基因的人。罗伯特·普罗明（Robert Plomin）开展了一项著名研究，这项研究观察了一万多对同卵双胞胎的英国普通初中毕业考试（GCSE）成绩。这个样本应该足够大，可以解释混淆变量，并给出一个相当准确的结果。普罗明发现，基因对学习成绩的影响占 58%，而学校本身的影响只占 42%。这项研究很重要，因为它证明先天和后天对你来说都很重要。

普罗明的研究是基于考试成绩，但考试成绩和智力水平之间是有区别的。我们甚至不确定如何定义智力！你可能有很好的记忆力，但没有音乐天赋；很有同情心，但没有解决问题的能力。不过目前我们

天赋
环境

很难确定这些是否属于智力水平的范畴。而且，智力还可能受到文化、教育和经历的影响。这一点很重要，因为事实上，我们所有人在智力上的差异是相当小的。

美丽新世界

我喜欢科幻小说，因为它会着眼于未来，让我们思考如果事情稍有改变，世界会是什么样子。阿道司·赫胥黎的《美丽新世界》是我超级喜欢的科幻小说之 ·，大体上讲，这本书把人分成了二六九等，从最聪明的，到最……不聪明的。最顶层的阶级叫阿尔发，他们是一群绝顶聪明的家伙，会做代数，钢琴八级，还能在业余时间照顾老人。最底层的阶级叫依伯西隆。好笑，地球上哪有人会某天醒来说："我想要当社会最底层。"

正如《美丽新世界》中的世界一样，如果我们找到了决定智力的明确的遗传因素，情况就可能会很微妙。像"这个孩子很聪明，那个孩子不聪明"这种判断是暗藏危险的，因为谁都希望自己是聪明能干的，所以这样的判断会使我们感到愁闷、焦虑和极度伤心。但是，从另一方面来说，了解智力背后的遗传因素，有助于我们根据每个孩子的情况来调整教学方式。面对一个有数学家基因的孩子，何苦要把网球拍硬塞到他手上呢？

无论如何，一个人智商高并不意味着他能成为成功人士。爱尔兰经济学家大卫·麦克威廉斯（David McWilliams）说过，最终成为企业家和商人的，很可能是教室后排的捣蛋鬼们。

我们也不能把环境因素抛在一边。大量证据表明，贫穷和缺少机会是成功的巨大障碍。不怎么接触电脑或书籍的孩子在学业上会表现得更差（但这不是你多玩一个小时《堡垒之夜》[21]的借口）。在充满新鲜事物的家庭中长大的人更有可能成为企业家、领导者，以及在艺术上取得很高的成就。

不过真正重要的环境因素似乎是爱。我不是指诗歌和巧克力这类让你意乱情迷的东西，而是指有人关心你。研究表明，5岁以下的儿童如果无法得到足够的关爱和良好的交流，他们的生活就会停滞不前。所以，妈妈总是对你喋喋不休，在学校门口当着别的同学的面抱你，有时候还得亲一口。我知道你不喜欢，但很抱歉，实际上这些会让你变得更好、更聪明、更快乐……我懂，这是科学……可是科学哪儿知道人类的烦恼？

你愿意为两颗棉花糖等15分钟吗？

成功的另一个关键要素就是练习。你们都听说过“熟能生巧”，这是真的。亨利·谢夫林（Henry Shefflin）[22]不是随便哪天拿起球试了试就成为“国王亨利”的，他不停地练呀，练呀，就算累了也要坚持再练一会儿。大小威廉姆斯姐妹[23]早上6点就要开始训练，有时她们必须完成500次截击，晚上才能休息。如果我们也能做到每天打几个小时的网球，说不定也能成为网球冠军，或者至少成为“网球疯子”。

这就是动力的作用。是什么驱使这样的人成为最杰出的运动员？这似乎要归结于毅力和决心。毅力意味着有把事情坚持到底的意志。它需要人刻苦用功，并且抵制诱惑，永不放弃，刻苦努力，保持专注。

要做到这一点，需要一些自制力。科学家对人群进行了调查，并在电脑中录入了上百万条数据，结果显示，自制力更强的人，会更快乐、更容易成功。如果你能强迫自己把作业做完，而不是在外面踢足球，你就大概率能过得更好。这很痛苦，但却是事实。

早在20世纪60年代，心理学家沃尔特·米歇尔（Walter Mischel）想要测一测低龄儿童的自制力。他给了孩子们两个选择：要么可以立刻得到一个棉花糖；要么等上15分钟，之后可以得到两个棉花糖。几年后，他又对这些孩子进行了研究，发现那些愿意为了两个棉花糖耐心等待的孩子更成功、更受欢迎，也更健康。

抵制诱惑和控制自己的能力是他们成功的一个重要原因。做到这一点不容易——这些可怜的小朋友想尽一切办法来分散自己对美味零食的注意力。他们躲在桌子下面，唱着最喜欢的电视节目主题曲。每个人都想要第二个棉花糖……除非不爱吃。

这证实了心理学家多年来的观点——我们无法控制世界，但我们可以试着控制自己对世界的看法。米歇尔认为重要的技能并不是忘记棉花糖，而是选择思考别的事情，把注意力转移到别处：去学习而不是踢足球，把钱放在储蓄罐里，等到圣诞节早上再拆礼物，都是同样的道理。你需要耐心等待（我知道，这很无聊），转移注意力，好事情就会发生。

如果你是个梦想家，那就更好了。这听起来很荒唐，因为人们，尤其是老师们常说：“他整天做白日梦。”通常人们不认为“梦想家”是什么溢美之词。不过，科学家已经证明，许多成功人士和有创造力的人（如作家、艺术家和音乐家）都是梦想家。考试成绩和技术技能并不是决定他们成功的重要因素。他们都有一个共同点——强烈的方向感或使命感。他们热爱自己所做的事情，并倾注了一切。他们人生历程并没有因为先天条件受阻，反而因为梦想、奉献和练习迈

步向前。

所以，我们可能无法摆脱自己的先天条件，但只要通过后天培养，都可以学会有毅力、勤练习和有目标。大胆行动吧！去攀登每一座高山，去为了两个棉花糖而等待 15 分钟，去做不可思议的梦。这不就是妈妈们一直以来教给我们的吗？妈妈们真棒！

E =Mc²

第六章

不管你信不信，科学都是真的

数千年来，有一个话题在世界各地引发了许多足以被写进历史的争论，甚至从争论演变为争战。不，这个问题不是番茄酱和蛋黄酱哪个更好吃，而是关于科学和信仰的问题。

人们关于这个话题的观点一直是两极分化的，科学和信仰分列拳击台的两个角落。任何讨论通常都以一方或双方怒气冲冲地跑回自己的房间，狠狠把门一摔而告终。但我们知道，科学家必须理性地看待任何话题——来试一试吧。

在这场辩论的开始，我们首先应该澄清，对于“人类为什么会在这里”这个问题，科学并不感兴趣。就像你迷迷糊糊地开始问自己一些宏大的问题，比如：“我为什么会存在？”“世界上是否存在另一个太阳系，那个太阳系是不是有一个和我一模一样的人，只是身高有 3 米？”不，科学家们更感兴趣的是人类如何出现在这里，而不是为什么。信仰关心的才是我们为什么来到这里。所以，这两个领域是完全不同的。当我们试图把二者混为一谈时，就会出现剧烈的、戏剧性的冲突，就像摇滚明星打架一般。

所以，当涉及重大问题时，比如我们生活的“意义”，科学给出的答案不是惹恼兄弟姐妹，不是让巴特勒老师心烦，也不是一个屁放出 26 个英文字母的声音。不，科学告诉我们，我们人生的意义是复制自己神奇的DNA，并将其传递给下一代。就是这么简单！问题解决了。结论板上钉钉了。回家吃糖吧。

哎……显然，事情并没有那么简单……让我们来看看关于信仰，科学能告诉我们些什么。

为了让DNA传递下去

在电话、电脑和电力出现之前（那时候人们究竟是怎么活下来的？），人类生活在小部落里，一个部落大概不超过250人。你的部落由你、你自己的亲戚和你配偶的亲戚共同构成。你们都互相支持，避开外来者，因为他们是你们的威胁。科学家们认为，现在很多人之所以存在仇外情绪，是因为恐惧——仇外就是对外来者的恐惧。

人们认为，在这些小部落中，习俗始于知识和智慧向下一代的传承。这种传承可能是以道德说教的形式出现的：照顾好邻居，不要惹

麻烦，照顾好家人。这种对彼此的关心确保了亲戚们身上与你一样的DNA也能够传递下去。

部落中有威望的人——长辈或父母——会想出办法让部落成员规规矩矩。人们都有离经叛道、成为“捣蛋鬼”的天然倾向，劝服他们的一个方法是告诉他们智慧来自某种特殊存在。于是，我们慢慢形成了一种观念：某种特殊存在正或多或少地影响着人类的行为方式。你如果深信超人会随时出现，还会不会捣蛋？

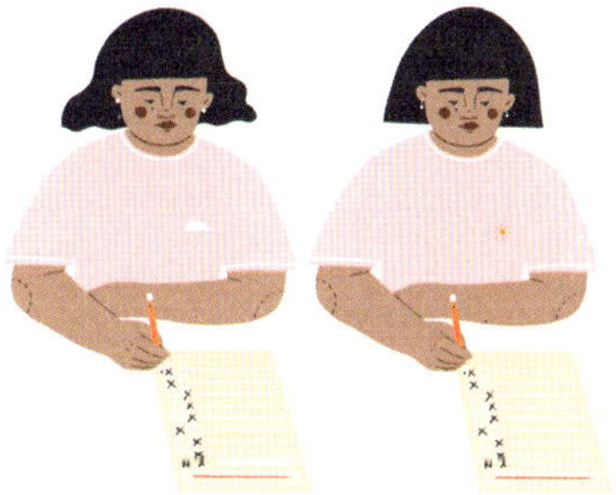

通过服从这个强大的存在，你自己的亲属能够受益，你家族的DNA得以传递下去。但总是会有风险的，总会有一些不安分的家伙不遵守这些指引，如果有那么一个“超人”的形象在——他无所不知，且能惩罚你——那么风险就降低了。然而这种惩罚无法通过现实世界表现出来，也就是说人们在哪儿都看不见超人，这时就得由睿智的长老们借“超人”力量的名义来实施惩罚了。到目前为止，一切都很容易理解。

现代世界跟原始小部落大不相同，但如今在某些地方，信仰依然存在，这里的原因就很有趣了。

想象一个孩子开始探索自己村庄之外的世界。也许他们瞧见了一个看起来很刺激的森林，里面到处都是危险的东西，比如蛇、虫子和熊。探险时间到！这时，他们的父亲会焦急地说：“不要进那片林子，里面有个妖怪。”孩子们会相信。他们不会去找妖怪存在的证据，因为他们的大脑本来就会接受并相信这些信息。他们会发现，相信“妖怪确实存在”的想法很难被撼动，这种信念甚至可能会在余生始终陪伴他们。

想想看，恐怖电影里的那些人最终不是死就是伤。下面这些话他们通常不只是口头说说，之后真的会去做：

“那是老约翰逊家。这房子据说很神秘。咱们进去看看吧！”

“好了，要是我们进入树林后分头行动，成功的机会更大！”

“我听见了怪声。我要去地下室看看！”

你演化出来的、与生俱来的本能告诉你，如果想生存下去，就不要做上述任何一件事。适者生存法则再次上演。恐怖电影里的那些人也许一开始就走上了演化之路的死胡同！

不要把信仰和科学混淆

谁没在噩梦中念叨过：“如果能逃过这一劫，我会永远做好事。每天晚上我都会亲亲奶奶，然后用护肤霜给她擦脚——好吧，最后一个我真的做不下去，别的都行！”

信仰或许能为穷人，或者正在经历巨大创伤的人带来一点希望和安慰。然而，问题是，这些人有时会被掌握金钱和权力的精神领袖利用。尽管我们在本章开始时说过，不应该把科学和信仰混淆而论，但有人说科学只是另一种信仰。如果你浅尝辄止，会看到一些有趣的东西——科学和信仰事业都以人为中心。信仰尊敬“圣人”；但科学世界中，人们追随和崇拜的是真实的个人。想想有多少人穿着印有爱因斯坦、达尔文或牛顿形象的 T 恤衫，而且，科学和信仰也都受到道德规范或行为准则的约束。

最后，科学也需要某种信念感。当人们要求科学家对大爆炸或超弦理论等重大发现给出解释时，除非是专家，否则大多数科学家都解释不明白。但他们必须相信，其他科学家知道自己实际上在说什么。然而，科学与信仰最大的不同是，科学能够给出支持这些解释的证据。正如天体物理学家尼尔·德格拉斯·泰森（Neil deGrasse Tyson）所说：“科学的好处在于，不管你信不信，它都是真实的。”

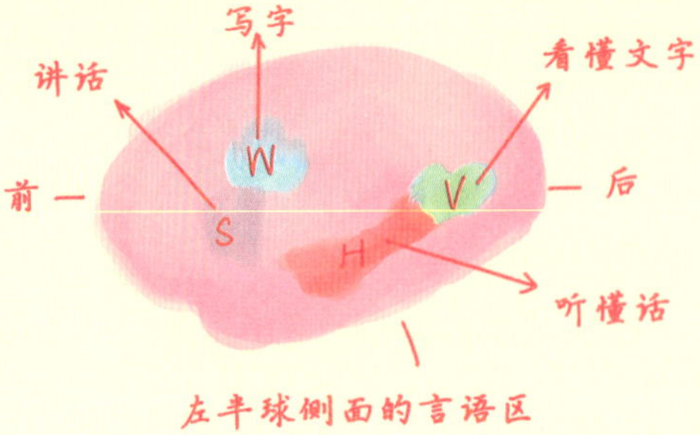

大脑包括左右两个大脑半球，大脑皮质是中枢神经系统中最高级的部位。

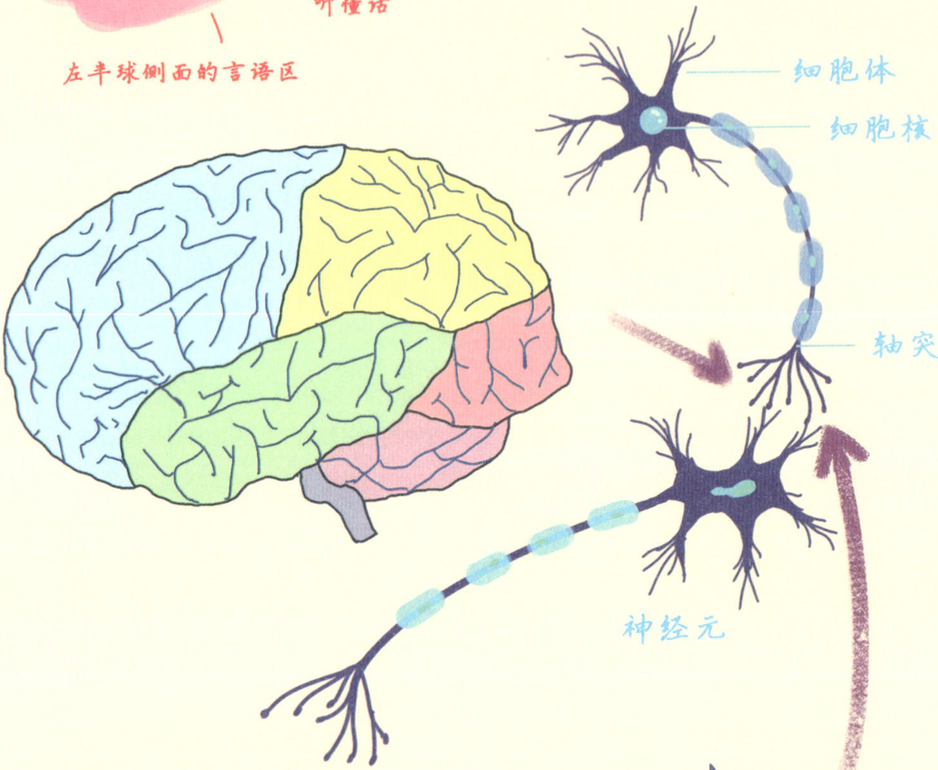

大脑中的信息中转站

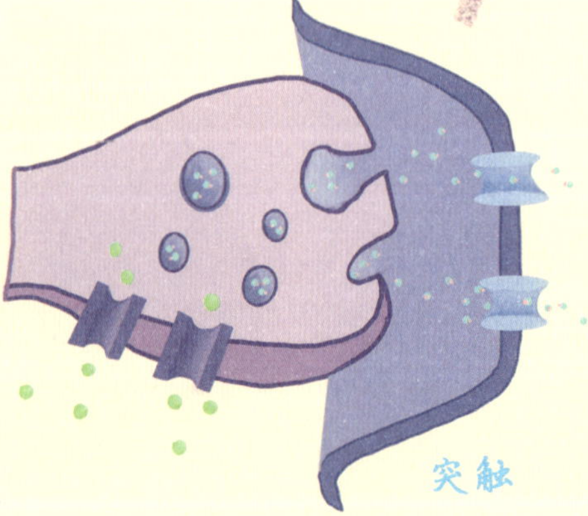

人脑中约有860亿个神经元，
如果把1个人比作1个神经元的话，
860亿就相当于地球上人类总和的11倍。

神经元之间并不是直接接触的，它们之间传递信息时，需要一位“快递小哥”，这位“快递小哥”就是突触。

第七章

哈哈哈哈哈，我们为什么会笑？

是的，你哈哈大笑，可能是因为看到老师弯腰时扯坏了自己的裤子，或者看到朋友被鸟屎砸中了。事实上，我们人类喜欢笑。我们在爱笑动物排行榜上名列前茅，远远领先于嬉皮笑脸的黑猩猩和兴高采烈的鬣狗。人类为什么要笑呢？为什么我们会觉得一些事情很有趣，而另一些事情却不那么有趣？当我们咯咯笑的时候发生了什么呢？从科学的角度解释，笑是很复杂的。

灵丹妙药：想笑就笑

当我们发笑的时候，我们的身体会发生什么呢？嗯，让我们先来研究一下捧腹大笑——这肯定是真笑——这个现象。当你捧腹大笑时，腹部开始震动，胸廓的肌肉收缩，让肺部的空气排出体外，于是，你就发出了“哈哈哈”的笑声。与之形成对比的是科学家所说的“客套笑”。人们在“客套笑”时，身体并没有同样的反应。“客套笑”是大人们在茶话会或学校外面等你时，聊天过程中发出的那种笑。尴尬至极！

在一项科学研究中，研究人员给一组女性看了一部非常好笑的电影，接下来又看了一部完全不好笑的电影。不好笑的那部可能是你经常在学校里看的健康和安全视频，名字类似于“如何正确使用水龙头”或“如何安全打开电灯”。科学家们将监测器绑在这些女性的腹部，测量她们捧腹大笑的次数。看好笑的电影时，平均每人会笑 30 次，而看不搞笑的电影时平均只有 1 次（可能是因为放了个屁，导致腹部产生震动）。然后，这些聪明的科学家从每位女性身上抽取了血液样本，并研究了每位女性免疫系统中的 NK 细胞，即“自然杀伤（Nature Killer）细胞”，这种细胞不会真的杀死人，但它们能杀死并击退病毒。是的，你的身体里充满了这样的“自然杀手”，厉害吧？科学家们发现，在笑了这么久之后，女性的 NK 细胞活性变强了。换句话说，笑可以增强我们的免疫力。

笑的好处还不止于此。我们发现，它还会以其他方式造福人体。笑能促进血液循环，也就是说，经常发出“嘿嘿嘿”的声音可以帮助预防心脏病。更了不起的是，笑已经被归为一种锻炼身体的方式！一项科学研究发现，笑 100 次相当于在划船机上划 10 分钟或骑 15 分钟自行车。所以，下次你的体育老师让你去跑步时，你可以告诉他，你只要坐在一边好好笑一笑就行。此外，笑能降低人感知疼痛的能力，也能减少焦虑和恐惧。还有什么是笑做不到的吗？

科学家还研究了笑的生理特点——我们发出的声音和张嘴的方式。它可能源于威胁对方的信号：我要咬你——这似乎很奇怪。虽然我们发出的声音很有趣，但它释放的是胜利和攻击的信号。从这个角度说，微笑也很有趣。婴儿在 8 周大的时候就开始会微笑，这是一种与生俱来的反应。我们确定这不是后天习得的，因为失明的婴儿也会微笑。微笑时的嘴巴是闭着的，不露齿，这表明你并不是在威胁，而是对周围环境满意，并且心情愉悦。

一位心理学家指出，微笑有 19 种不同的类型。其中，只有 6 种微笑是在我们开心时发出的，剩余几种发生在痛苦、尴尬、难受、恐惧甚至苦不堪言的时候。在我们撒谎或者输了的时候，微笑可能意味着轻蔑、愤怒或怀疑。下次摄影师让你喊“茄子”的时候，可以问问看“微笑吗？要哪种？”。

世界是个“大笑场”

笑也是增进社交关系的好方法。我们身处人群当中时比独处时笑得更多，因为笑能让我们在人群中感觉更自在、更放松。这是人类使自己看起来温和无害的小妙招。下次你和别人在一起的时候可以留心观察这种现象：通常你发出笑声不是因为出现了有趣的事，而是在表达“我很友善，你不用害怕，请继续和我聊天！”。

我们都知道，笑会传染。你有没有过跟着别人一起笑起来的经历？是不是仅仅因为别人在笑而不是因为知道他们在笑什么？一次大笑会引发我们再次哈哈大笑，所以喜剧节目开头会有一个负责热场的喜剧演员：一旦开始笑，我们就容易笑个不停。笑把我们聚在一起，帮助我们形成集体。

笑也能展现一个人的社会地位。例如，人们更有可能给老师或老板的笑话捧场，尽管大多数时候这些人一点都不好笑。我们用这种方式来表达“喜欢我……别惩罚我，或者别炒我鱿鱼！”。

开怀大笑也能缓解紧张、驱散恐惧。它就像人类的压力阀，能把“压力蒸汽”释放出去。我们尤其喜欢在遇到困难的时候讲笑话。有证据表明，外科医生、士兵和殡葬从业者中，有很多段子手。

人类还会出现“笑场”的现象。当然！你不一定是因为场面有趣才笑的，但场面会因为你笑而变得有趣。要知道，所谓“笑场”，基本上就是你无法控制地突然笑起来，还停不下来。这种笑通常出现在一个人紧张或有压力的情况下，比如在重要的考试或演讲中。这种无法控制的笑声缓解了紧张的氛围。甚至当你在写一本严肃的科普书时，这种情况也可能发生。哈哈哈哈！抱歉。

你爱听什么样的笑话？

笑话中真正有趣的东西是什么呢？努力解释幽默是有危险的，正如某位名人说过：“试图解释一件事为何有趣，就像试图解剖一只青蛙。没人会笑，而青蛙也会死掉。”[24] 不过，我们得勇敢。科学家不给自己设限，只要你能笑出来，那只“青蛙”就没有性命之忧。

屎尿屁笑话是人们喜欢的一类幽默。世界上历史悠久的笑话中就有和放屁相关的。所以下次你要是在历史课上不小心放了个屁，可以告诉老师这也是历史的一部分！除此之外，无厘头的诗句、巧妙的文字游戏或奇怪情景也能逗我们开心。因为幽默往往都带一点解谜色彩，使我们努力想要弄清楚正在发生的，以及可能发生的事情。

许多喜剧演员会拿日常生活中的琐事开玩笑，我们觉得这会很有趣，因为这让我们确信，自己不是唯一经历这些尴尬的人。它让我们感觉大家都在同一条船上。很多喜剧也关注社交中的尴尬时刻，这与人们都害怕被社会排斥有关——没有人想成为那个丢脸的人！

老师：“如果我左手拿了六个橙子，右手拿了七个橙子，那么我有什么？”

学生：“一双大手！”

儿童在很小的时候就展现出幽默感，而在他们的发育过程中，我们能看到不同类型的幽默方式。有时候是滑稽的肢体动作，比如对一岁的孩子来说，摔倒和把腿伸到空中就十分滑稽；有时候是用出人意料的方式使用物品，三岁的小孩子把内裤套在头上——不过公平来说，要是成年人在你面前这样做，估计你也会被逗笑！

挠痒痒，笑哈哈

“挠痒笑得我脸都红了”，你有没有听过别人说这种话？这句话能告诉你挠痒痒时的笑对身体的影响：当体内的血液循环加快，你一边发出笑声，一边扭动摇摆身体、挣扎着喘气，同时脸颊变得绯红时——你快要笑死了！读到这里，你可能会对那个古老的问题感到疑惑：为什么我们给自己挠的时候不觉得痒呢？好吧，挠痒痒实际上能激活我们大脑中预测疼痛的区域，所以被别人挠的时候，我们会跳起来，身体扭来扭去，因为我们把它看作是一种威胁。但当我们对自己这样做时，威胁并不存在，因为我们知道会发生什么，所以不会产生同样的影响。

人甚至有可能笑得尿裤子。不建议大家笑成这样，但我想讲一讲为什么会发生这种事。当你开始控制不住放声大笑时，同时无法控制的还有呼吸、肌肉等许多身体功能。随着笑声带来的压力增加，你还会失去对膀胱的控制，“水闸放开”，哗！裤子湿了。这看起来可不大好。你哈哈大笑时会突然放个屁也是类似的道理：臀部的括约肌会放松，消化道中的一些气体会以屁的形式释放出来。希望你放出来的只有屁，没有别的东西！笑“屎”我了！

最近的另一项研究提出了一个奇怪的问题：人挠动物，会让它觉得痒痒吗？（快点！承认吧，你早晨睁眼后和晚上闭眼前都在好奇这个问题！）我们所知道的能被挠痒的动物只有大鼠和各种各样的猿。加利福尼亚的大猩猩基金会中生活着一只名为“科科”的西部低地大猩猩，人们对它进行了大量研究。研究人员发现，科科被挠的时候会感觉痒，而且它很有幽默感。当饲养员踩在香蕉皮上滑倒时——这可不是开玩笑——科科经常会笑。

一群科学家在研究大鼠被挠时是否能感到痒的时候，发现它们被挠的时候会发出吱吱的声音，这和它们一起玩耍时发出的声音一样。这群科学家现在正在尝试挠其他动物的痒痒，看看它们会不会发笑。

是谁说科学很无聊来着？哈哈！

笑一笑，百病消

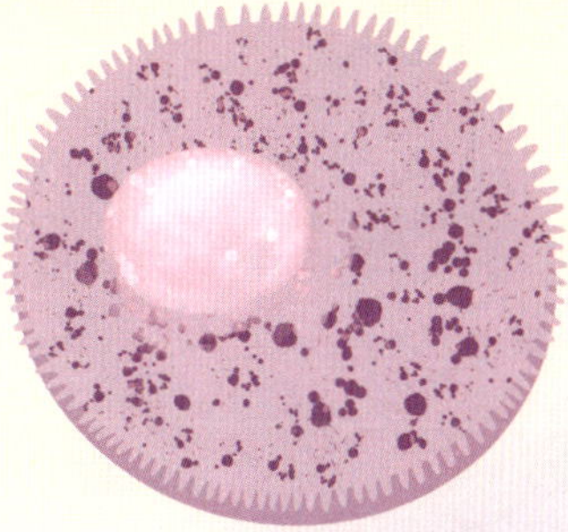

自然杀伤细胞（Nature Killer Cell）是一种淋巴细胞，简称NK细胞，属于免疫细胞大家庭的成员，是嫉“病”如仇的“杀手”细胞。

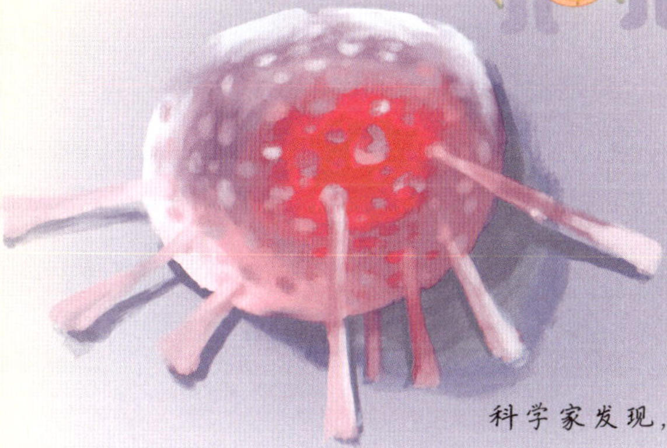

科学家发现，看完一部好笑的电影，NK细胞活性会变强，换句话说，笑可以增强我们的免疫力。

NK细胞相当低调，但对付敌人一点都不含糊，它们攻击敌人的方式有两种。

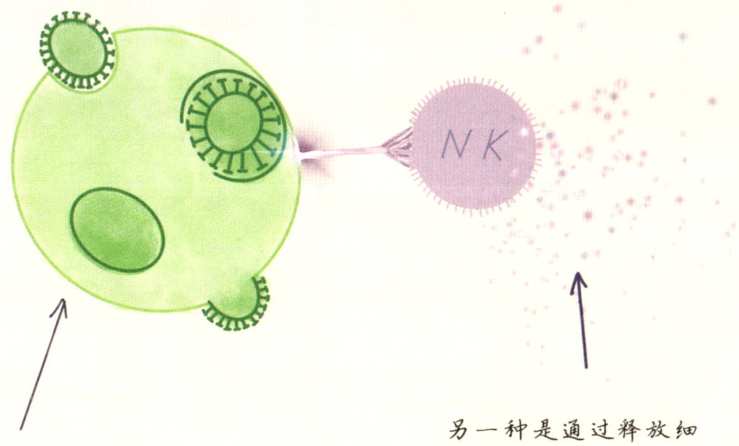

一种是“近身肉搏”，拖住敌人，直接释放毒素。

另一种是通过释放细胞因子进行远程攻击。

第八章

音乐之声，人类简史的 BGM

是什么让人类成为如此奇特的生物？我们和其他物种的区别是什么？这个问题可能有许许多多种答案，其中一个不错且可能的答案是，我们对音乐的热爱。全世界的人类都热爱音乐，无论阶级和民族。但现在我们还没有完全搞清楚，这种热爱对我们这个物种有何意义。

科学家们在思考音乐时，脑子里会冒出来各种各样的问题。你可能会想：为什么他们不能简简单单地听听音乐，好好享受一下呢？呃，他们做不到，至少不能一直坐在那里单纯享受。这是身为科学家要受到的“诅咒”，但这也是一种乐趣，因为他们总是想得太多。虽然音乐在我们日常生活中是如此常见，但你可能会惊讶地发现，对于人类为何会享受音乐这个问题，科学竟然还没有给出令人信服的解释。

据考古学家所说，人类享受音乐的历史非常悠久。人们公认的最古老的一件乐器是猛犸象骨制成的一根骨笛，制作时间可以追溯到 3 万到 3.7 万年前，所以音乐显然根植于我们的灵魂深处。贡献材料的那只猛犸象已经不存在了，它的家族和朋友也都彻底灭绝了。不过，我们的祖先似乎喜欢这种往打了洞的骨头里吹气产生的声音。来吧，此时应该吹上一首《小象漫步》！

对于其他的消遣活动，我们都能给出明确的解释：我们进行体育运动是因为它涉及技能，比如投掷、击打和团队行动，这些技能在我们的祖先狩猎、探险，或保护本部落、抗击外来者时，发挥着至关重要的作用。我们喜欢看小说和电影，是因为可以学习与人际关系相关的知识——我们是社会性动物，这些知识对我们来说关乎生死存亡。但是享受音乐又是为何呢？音乐似乎并没有给我们带来任何实际的帮助，不是吗？

音乐响起来

一些音乐会让我们感到开心和兴奋，还有些音乐则会让我们感到沮丧和忧伤。我们都有过在屋子里一边跳舞，一边拿着梳子当麦克风放声高歌的经历，也会因为一首缓慢、悲伤的歌曲而潸然泪下。

音乐是关于情绪的。但作为科学家，我们不能就此止步！事实证明，在我们喜欢的优美曲调背后，仍然蕴藏着一些科学规律。比如，

构成音乐和弦的各个音符，其频率只有在符合一种明确的数学关系时，才会悦耳动听。科学表明，要让我们欣赏一段旋律或一连串音符，它必须有一种逐渐显现的“规律”。有趣的是，我们开始喜欢上的这种规律可能会被“打断”，而我们真正喜欢的恰恰是这种被“打断”，因为它会让我们感到惊讶，或者把我们带往另一个方向。

对于人类为何如此热爱音乐，不同的科学家提出了不同的理论。有一些人认为，在尚未出现正式的口头语言前，它是人类的一种交流方式，是一种又厉害又聪明，可以跨越山谷的沟通方法。我们可以用这些有趣的声音来告诉别人，我们是悲伤的、快乐的、愤怒的，还是孤独的。

还有一些人认为，音乐可能提醒我们，人类经历过“过渡”（中间）阶段。人类目前使用的语言非常复杂，在我们达到这样的水平之前，曾使用各种各样与动物类似的“唧唧咄咄”声来交流。

动物也喜欢音乐，这一事实能够证明上述观点。不过动物会更喜欢某些特定频率的音乐。例如，漂亮的拉布拉多犬的音域与我们人类相似，它们能发出各种声音，听起来就像在唱歌。更厉害的是，它们简直是动物界的“音乐势利鬼”，晚上听莫扎特之类的精致古典乐时，它们会表现得很放松，而听到重金属的嘈杂噪声时——“噪”起来吧，哥们——它们就会显得焦虑不安。

有趣的是，猫对音乐一点都不感兴趣，除非播放它们音域频率范围内的音乐，否则它们绝对无动于衷。“咕噜咕噜”的喉音对它们而言才是天籁！泰国有一个大象乐团，一群经过音乐训练的大象学会了用乐器演奏不同音调的音乐。据报道，当所有乐器的音调一致时，它们最享受演奏。还有奶牛，当给奶牛播放音乐时，它们甚至会产更多奶。

好了，我们说回人类本身。我们知道，地球上有些人完全没有音乐鉴赏力。事实上，大约每25人中就有1人患有“失乐感症”，这点也不好笑。乐感缺失的程度有大有小，从音盲（无法听出音乐中的不同音色和音高）到完全无法欣赏音乐都有可能。有些人天生就丧失乐感，有些人是头部受伤后丧失的。

一起摇摆！

显然，音乐对人类是有好处的，尽管我们没完全搞明白背后的机制。我们已经开展了400多项研究，占绝对优势的结论是，音乐对人类的免疫系统有益，能降低压力激素皮质醇的水平，比药物还有效。

听音乐甚至可以被视为一种锻炼方式。没错，你知道吗，科学家用扫描仪发现，听音乐时，大脑中一个名为“弓状束”的区域会活跃起来——这意味着这个区域会消耗更多葡萄糖，当你走路或跑步时，

这个区域也会这样。

这些都是音乐给人类带来的好处。不过，现在我想讲讲音乐对人体产生的神奇影响。研究表明，如果一群人同时在听同样的背景音乐，比如在电梯或酒店大堂里，他们的心率就会趋于同步，最终整个人群的心率会完全相同。即便你们完全是陌生人，也丝毫不影响这个结果！

音乐甚至能让互不相识的人团结在一起，形成一个大的共同体。你可以想想看，军队配有军乐队，让战士们能跟着鼓点共同行进，走向战场；我们能在音乐会上与成千上万的陌生人高声歌唱同一首歌；我们会在足球比赛等大型体育赛事上一同唱自己所支持队伍的国歌或队歌……这些大事提供了一种情感和生理的体验，把人类团结在一起，让我们彼此心连心。很简单，就像一首著名的足球队队歌所唱的那样："你永远不会独行。"[25]

合唱似乎对人类尤为有益。仅在美国的全国范围内就有 25 万个唱诗班，成员多达 2850 万人。研究表明，参加合唱团对人的身心健康都有好处。大声把旋律唱出来有益呼吸，和朋友们并肩站在一起令人心情愉悦。合唱团成员能够进入科学家所说的"无压力状态"——他们必须努力将注意力集中在音乐和技巧上，以至于完全忘记了自己的烦恼。他们还要学习新的歌曲、和声和节奏，这些都可以滋养大脑。养老院里经常一起唱歌的老人，出现焦虑和抑郁的情况都更少，这是为什么呢？

唱歌能让身体释放出一种叫内啡肽的快乐激素。更棒的是，有证据表明，在观众面前唱歌可以建立自信，而且这种效果相当持久。人们在鸟类身上也发现了同样的规律。当雄性鸣禽唱歌时，它们大脑的愉悦中枢会活跃起来，有趣的是，只有当雌性鸣禽在场时才会发生这种情况。如果雄性单独唱歌，就没有这种效果了。

这也很自然地引出了音乐的下一个益处——它能让你变聪明！研究发现，播放背景音乐能提高学习效率。一项研究发现，一边听音乐一边学外语的人在同一段时间内学会的单词比不听音乐的人多8.7%。这种现象与“莫扎特效应”类似，所谓“莫扎特效应”就是听莫扎特的音乐可以提高人的考试成绩。所以，要把作业做得优秀的话，就把音乐开大声吧！

用鼓点作为武器

音乐也不全是“别担心，要快乐（Don’t worry，be happy）”[26]这种风格的，它也有让人不愉快的一面。在全世界各地，音乐一直都是一种惩罚手段，以后也会是，特别是针对青少年的惩罚手段！在澳大利亚悉尼附近的罗克代尔镇，商店为了防止青少年在门外闲逛，会大声播放歌手巴瑞·曼尼洛（Barry Manilow）[27]的歌曲。这些青少年肯定不会唱他的热门金曲《打开收音机》（*Turn the Radio Up*）。美国有一名法官，要求被指控有反社会行为的青少年反复听儿童电视节目《巴尼和朋友们》的主题曲。还有一种名为“青少年退散”（Teen Away）的设备，它能产生 30 岁以上的人听不到的高频噪声。这是否有效是另一回事，然而，青少年倒是可以利用这种对频率的不同感知，使它变成一种优势——把它们做成父母听不到的手机铃声。嘘——别说这是我告诉你的。

音乐疗法

最后一个争论焦点是关于在手术室中播放音乐。早在 100 年前，一位美国外科医生就在《美国医学协会》杂志上撰文，描述了在手术室里播放音乐的好处。事实上，音乐和医学之间的联系可以追溯到更早的时候。早在 6000 年前，人们会雇人演奏竖琴，以此作为治疗的报酬。古希腊人甚至把阿波罗奉为掌管音乐和医药的神。

音乐在医疗场景中的好处似乎很明显，尤其是对病人来说——有证据表明，音乐比药物更能让人平静下来，甚至对重症监护室中已经用上了呼吸机的患者来说也是一样。音乐对外科医生和医务人员也有积极影响。多达 72% 的医疗手术进行过程中都会播放音乐，80% 的医疗人员表示，这有助于团队协作、减少焦虑，最重要的是，有助于外科医生操作顺畅。一些研究表明，音乐有利于让外科医生专注于手术，减少肌肉

疲劳。也有人担心音乐会分散注意力——实习医生确实会出现这种状况。还有研究表明，音乐使手术的“整体烦躁感”提高了，这在手术室里可不是一件好事。

最后一个问题肯定是：如果你要在手术室里播放音乐，播放列表上会出现哪些曲目？

最推荐的 5 首歌曲

The 1975 乐队的《解药》(*Medicine*)，或哈里·斯泰尔斯（Harry Styles）的翻唱版

特拉维·麦考伊（Travie McCoy）的《心情好医生》(*Dr. Feel Good*)

粉红佳人（P!nk）的《你就像药丸》(*Just like a Pill*)

披头士乐队（The Beatles）的《好转》(*Getting Better*)

比吉斯乐队（Bee Gees）的《活着》(*Stayin' Alive*)

最不推荐的 5 首歌曲

黛米·洛瓦托（Demi Lovato）的《心脏病》(*Heart Attack*)

Cutting Crew 乐队的《死在你怀中》(*Died in Your Arms*)

肖恩·蒙德兹（Shawn Mendes）的《缝合》(*Stitches*)

丽安娜·刘易斯（Leona Lewis）的《流血的爱》(*Bleeding Love*)

皇后乐队（Queen）的《又一个人倒下了》(*Another One Bites the Dust*)

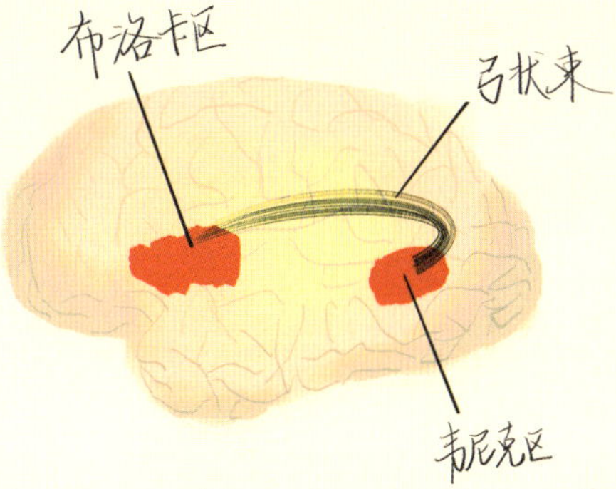

大脑中有一个区域叫作“弓状束”，和跑步、走路一样，音乐也可以让这个区域活跃起来。

音乐对人类的免疫系统有好处，是调节压力的“特效药”。

跟着音乐，一起摇摆

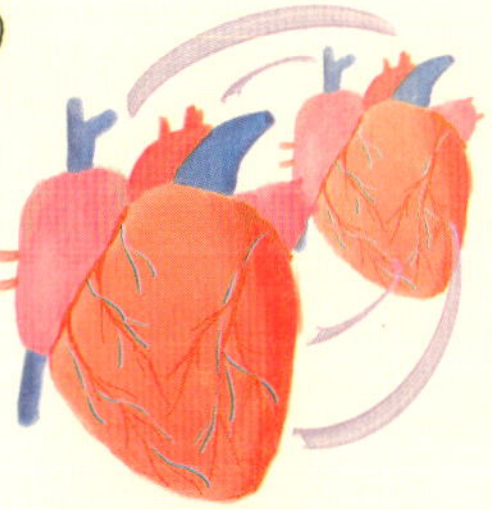

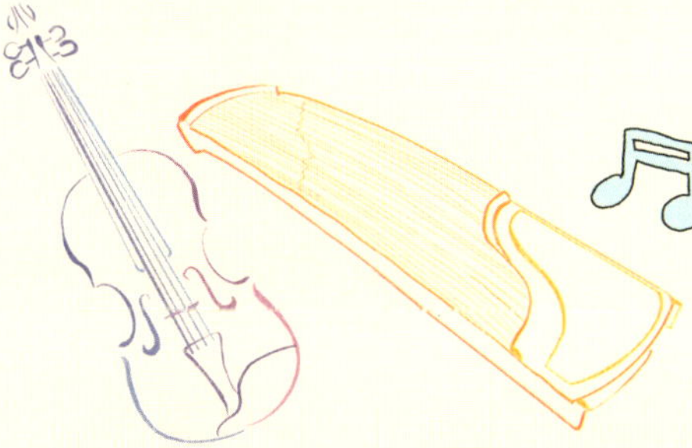

在某些情况下，人们的心率会趋于同步。比如，在酒店大堂里，听相同音乐的人群的心率最终甚至完全相同。

唱歌能让身体释放一种叫作“内啡肽”的激素，我们都知道，这是一种“快乐激素”。

唱得难听也没关系，关键是要自信。

研究表明，一边听音乐，一边自习，可以提高学习效率。

第九章

嘀嗒，嘀嗒，身体里的钟

你知道吗？你的身体中也有自己的时钟。我并不是说你就像个会走路、会说话的大本钟[28]，也不意味着每隔一小时，你的脑门里就会弹出来一只布谷鸟。我的意思是，你的体内有一个生物钟，它会把你身体必要的生理活动分配好，会提醒你什么时候该吃饭了，什么时候该睡觉了，以及什么时候该长身体了，简直就像嵌在你身体里的闹钟。我知道，这听起来很像你妈妈，她会告诉你生活中的每一件事应该在什么时间、什么地点、用什么方式完成，但你又能怎样呢？

合理分配这些活动很有意义。毕竟，不是所有事都能同时进行，不然你的生活就会一团糟。你不可能一边睡觉，一边清醒；你也不可能一边大快朵颐，一边辛苦工作。就像大自然的时钟一样，某个时刻不可能既是白天也是晚上。因此，你的身体有一张内置的时间表，以便让不同的事情在合适的时间内完成。科学家表示，这些“节律”调节着从胃到肠道的所有身体器官，以及从大脑活动到细胞修复的

所有功能。

地球上基本所有动物的身体里都安排有“每日计划”，但其他动物的“每日计划”似乎比人类的更有弹性，因为这让它们更能适应环境。人类的生物钟与明暗周期相关，而动物的生物钟机制有点不同。例如，杜氏阔沙蚕（Platynereis dumerilii）是一种生活在海洋中的蠕虫，它的节律不跟着太阳走，而是按照月亮的起落安排的，也就是所谓的“月亮生物钟”。类似地，另一种俗称“斑点海虱”（Eurydice pulchra）的海洋生物，其生理活动是跟随潮汐节奏安排的，这种现象叫“潮汐钟”。

蜜蜂最喜欢的是社会时钟，这与你姐姐的社交活动可不一样。蜜蜂会调整自己的生物钟来保证大家能够轮流觅食。育幼蜂则会让“节律”暂停，以便能够持续照顾蜂巢中新生的幼虫——育幼蜂，没想到吧？蜜蜂可不全是喜欢整天趴在花上嗡嗡叫的、长着条纹的怪胎。

身体里的日程表

有一个科学术语被用来描述一天当中人类的身体如何变化，这个词就是“昼夜节律”。让我们来看看人类的身体在平常的一天中会发生哪些事。大多数人在早上 6 点到 9 点之间醒来。当然，青少年这一类奇怪的生物要被排除在外了，他们的睡眠规律和其他人大不相同！但对大多数人来说，激素和血压的某些变化能让我们预备迎接新的一天，为一天的活动做好准备。

上午 9 点到中午 12 点，压力激素皮质醇达到峰值，它让我们的大脑更加警觉。午餐前，我们的短期记忆力最好，这段时间我们的工作或学习效率往往最高。我们的胃会分泌消化液，释放出的激素会刺激大脑的特定区域，发出“嘿！你感觉有点饿了”的信号，于是我们就产生了饥饿感。中午 12 点到下午 3 点之间，只要没有再次不小心把午餐饭盒落在橱柜台面上，你的肚子里就会充满食物。

一旦吃了东西，我们就会经历熟悉的午后犯困，也就是饭后打瞌睡，哈欠连天。这时候，人的警觉性急剧下降，我们会感到眼皮打架，在路上更容易出现交通事故。在一些文化中，人们会在一天的这个时候打个盹，也就是午休。下午 3 点到 6 点，我们的体温会略有上升，这时的心肺功能更好，肌肉更有力量，所以这时候去踢足球就再合适不过了。

下午 6 点到晚上 9 点，你的身体准备好迎接晚饭了。不要太晚吃饭，因为随着夜渐渐深了，我们的身体处理食物的方式也会发生变化。吃宵夜可不是什么好主意，因为我们更可能将食物转化成脂肪储存起来。从一定程度上讲，这是因为我们的身体在白天更活跃，会把脂肪消耗掉，但这一现象似乎也跟脂肪的储存活动在晚上更活跃脱不了干系。

接下来就到了睡觉时间，我们的身体会自行产生“安眠药”——褪黑素。当人的眼睛察觉到昏暗的光线时，大脑就会分泌褪黑素，从而使我们入睡。当我们进行跨时区旅行时，褪黑素的分泌时间与当地时间不符，导致我们会在错误的时间入睡，这种现象就是人们所说的

时差。电脑屏幕或智能手机发出的蓝光会抑制褪黑素分泌，所以晚上看电子设备不是个好主意。关掉平板电脑，去睡觉吧！

睡眠的各个阶段

我们每个人都需要睡眠。人要是不睡觉，就会变得易怒、渴望甜食或高脂肪的食物、大脑迟钝。睡眠不足或失眠有害身体健康，可能会导致阿尔茨海默病之类的疾病。它还会导致其他糟糕的事情，比如骨质疏松。

重要的是，缺乏睡眠最终会要了你的命。千真万确，实验证明，如果一直不让小鼠睡觉，它们几天后就会死亡。我们并不清楚它们的死因（除大脑和心脏停止工作外），所以我们搞不清楚，睡眠除了能防止我们变得脾气暴躁，避免我们一命呜呼以外，到底有些什么作用。

但有一说一，这些结果已经够严重了，我们应该避免它们发生。（也不知道科学家们用什么方法让小鼠们保持清醒的，用大喇叭喊话吗？还是给它们提供小小杯的咖啡呢？）

我们躺下开始打盹时，大脑会经历五个阶段，每个阶段你一晚上可能会经历四到五次。第一阶段是一种浅浅的放松状态，这时候你放个屁或打个嗝，就能把自己吵醒。在第二阶段，身体变得更加放松舒缓，但你还没有完全入睡。正是在这个时候，你开始做梦，梦见赢得世界杯或嫁给王子，或者二者兼得。在这种状态下，你乐于接受建议，催眠师出名的赚钱之道就是用在这时候。当一些人被催眠时，他们可以被诱导进入同样的睡眠状态。所以，催眠师能让你的老师站在一屋子人面前，宣布自己是爱尔兰矮妖精[29]，或者让你的奶奶以为自己是世界拳击冠军。

到了第三阶段，你的心率开始变慢。在第四阶段，有些人会梦游或尿床（但是科学家们还没完全搞懂为何会这样）。第五阶段是最后一个阶段，叫作 REM 或快速眼动阶段。因为这个阶段你的眼球会不停乱转，就像在玩某种疯狂的电子游戏。这时你已经进入深度睡眠了！

关于人类的睡眠现象有几种理论。一些科学家认为，这是人类生活在洞穴时就有的一种特征，它能提高个体的生存概率，从而在进化中保留了下来。夜间，人类更容易受到攻击或被捕食者吃掉。于是，穴居人要在树木繁茂的城郊给自己找一个舒适、温暖、半独立的洞穴，周围交通方便，最好还有不错的“山洞学校”。穴居人在晚上需要保持安静，这样他们才能生存下来，而不会变成其他动物的美餐。

第二种关于睡眠的理论认为，睡眠主要是为了节省能量。夜间打猎比较困难，如果我们在天黑的时候就睡着了，这样我们就不用在夜里还去追捕猎物、吃“猛犸汉堡”了。有证据表明，在睡眠期间，我们的能量消耗会减少 10%。进化会再次大显神威，看似随意选择出的这个特征，使我们比不睡觉的人更有优势。

第三种理论——希望你看到这里的时候还没睡着——是恢复理论，当你像狒狒一样打呼噜时，身体会进行自我修复并恢复活力。大脑会把白天身体积累的所有碎屑都清理干净。你可以想象一下大城市的夜晚，垃圾车和环卫工人要为忙碌的第二天做好准备。你的身体也一样，只是没有鱼市旁边的旧垃圾桶那么臭。睡眠就是“大扫除时间”。

在人类的幼年阶段，睡眠似乎在大脑发育中发挥了特别重要的作用。婴儿每天的睡眠时间长达 14 个小时，其中至少有一半时间是快速眼动睡眠。大脑内会发生明显的电活动，就像正在安装测试电气设备的建筑工地。6 到 13 岁的孩子每天需要睡 10 到 11 个小时。

人们在几个国家内进行了一项国际卧室调查（这个调查标题还真是抓人眼球）。美国人和日本人的睡眠数据最差，平均睡眠时长比其他国家的人少 40 分钟。日本人每天平均睡 6 小时 22 分钟，而美国人则是 6 小时

31 分钟。德国人、墨西哥人和加拿大人的睡眠时间最长，他们每天睡眠时长都超过 7 个小时。所有国家的人都反映，自己在周末睡得更多，不工作的日子平均能多睡 45 分钟。所以，周末一早就把父母叫醒是相当危险的！

调整生物钟

太空旅行是对人体节律的最大考验。国际空间站上的宇航员要让自己的生物钟经历严酷的历练，他们要适应失重、地球引力，以及在空间站上厕所，等等。此外，他们每天亲眼看到的日出日落多达 16 次——一天看 16 次日出日落真的会让你晕头转向！因此，人们正在对能够模拟地球 24 小时光周期的照明系统进行测试，这有可能减少宇航员的健康问题，改善情绪，使他们处于最佳状态。

说回地球上的生活，也是同样的道理。最近的研究表明，生活方式可能会扰乱自然秩序和我们的身体。不管你的日常作息是怎样安排的，也许是时候要根据生物钟来调整一下了，看看你的身体和大脑是否能从中受益。科技对睡眠不足负有很大责任。比如，玩了很长时间游戏之后，你是不是难以入睡？你是不是一直在睡前看平板电脑或手机呢？睡觉时不关灯你又能不能睡得着呢？

你肯定不喜欢下面的内容，不过你确实应该在睡前把音乐音量调低、把耀眼的光线调暗、把游戏机放在一边、关掉手机……我说了，把手机关掉！

你知道吗？

有些人晚上睡觉时眼睛是睁着的。那该有多诡异？好在，这种“恐怖秀”非常罕见，医生把这种现象称为“夜间眼睑闭合不全”，但我还是愿意称之为“房间另一头夜间大眼球怪吓人主义”。

你知道吗？

几千年前，如果你在晚上磨牙，医生会认为你想和鬼魂说话。他们给出的解决办法是什么？你必须和一个人的头骨同床共眠，每晚要么亲吻、要么舔它几次。“你先舔一个疗程的头骨吧。很遗憾，我们没有草莓味和苹果味的了。你只能用不太干净、死透了和带腐烂味的头骨凑合凑合。”

你知道吗？

海獭们睡觉时会手牵着手。它们这样做是为了确保自己不会在睡梦中漂散。啊！是不是很可爱！大家都得“手”望相助……有意思吧？“手”跟“守”同音！不好笑吗？你真是不懂我的幽默。

第十章

我们与食物的爱恨情仇

食物，美味的食物！生命自从诞生在地球上就需要营养物质。所有的生物都得吃东西，当然，如果它们想活下去的话。我们吃东西是为了给身体提供各种活动所需的能量。如果我们把自己比作汽车，食物就好像灌进油箱的燃料，也像用来制造和维护汽车正常行驶所需的零件。是不是听起来非常简单明了？可惜，事实并非如此。

食物研究中充满了伪科学，也充满了争议。今天，人类与食物的关系变得有点不稳定，也存在问题。（用“关系”这个词来描述你和食物如何互动，似乎有点夸张了。但你必须承认，可能在某些场合，你会对着自己的食物说话，会说一句“我的天呀！你看起来太棒了”。）

发达国家正饱受肥胖症流行之苦。就连爱尔兰，也有 25% 的人超重或肥胖，而且这个数字看起来还会上升。超重会带来许多健康问题，如心脏病、糖尿病和患癌症风险提高。为此，世界上部分国家的政府都在努力遏制肥胖人口增长，实行了从减少加工食品中的脂肪含量到对糖征税等各种措施。

石器时代的胃口

从人类身体进化方式的角度来说，你如今仍然活在石器时代的人类身体中。我并不是说你留着满是虱子的、乱糟糟的头发，瘦骨嶙峋的下巴长满了络腮胡子，以及有着毛茸茸的腋窝！不，20 万年前人类的祖先诞生了，你的身体也是为了适应那时候的环境进化而成的。那时要找到食物很困难，你的祖先得去搜寻、捕猎、宰杀、弄熟，然后才能吃进肚子里。他们不可能打个电话叫外卖，等着超大份比萨、蒜蓉面包、炸鸡块和薯角，以及一大桶可乐送上门来！

所以，如果在石器时代交了好运，能吃上一顿大餐时，他们必须尽可能多吃，这样当他们吃饱以后，一部分能量就会以脂肪的形式储存在身体里。人类的身体很了不起，可以将脂肪作为燃料储存起来。当我们消耗脂肪时，身体释放出的能量极大——至少是我们消耗等量糖时所释放能量的 10 倍。所以，我们储存脂肪以备不时之需，保证在饿肚子的时候也有能量。

让我们快进到今天，事实上我们很少挨饿。食物无处不在，吃太多反而会让人变胖。而在过去那段美好时光里，你的祖先只能穿上“最新款耐克 Air Max 原始人跑鞋”，抓起矛，追逐一两天才能美餐一顿。有时，要跋涉很远的距离去捕猎，这意味着生活在山洞里的他们能得到大量锻炼，并且吃得还比我们今天少。

科学家将缺乏锻炼称为“久坐生活方式”，即我们长时间坐在一个地方，通常除了玩游戏、看电视或玩手机外，什么都不干。吃得太多、运动太少对我们没有好处。

当然，如今在世界上的一些区域，人们仍然没有足够的食物。由于干旱、虫害或降水过多导致作物歉收时，就会出现食物短缺的现象。气候变化导致的极端天气现象正在破坏农田，让食物问题进一步加剧。但这个问题也可能是一个国家的自然资源分配不均，以及政府等机构人为造成的。然而，在大多数西方国家，人们确实生活在一个充满了奶和蜜……还有糖……以及奶昔……和曲奇饼干的国度……嗯，美妙！

“没胃口”激素和“好想吃”激素

变胖真的只是因为“我们吃得太多、运动太少”这么简单吗？最近的一些科学发现告诉我们，还有其他因素在发挥作用。科学家发现激素控制人类的食欲，既能引导我们吃某些食物，也会尖叫着说“别吃了”，就像开关一样。

有两种非常重要的激素，它们分别叫瘦素（leptin）和胃饥饿素（ghrelin），这名字看起来就跟吃吃喝喝脱不了关系。瘦素的发现是科学界的重大突破。它主要由脂肪细胞产生，通过抑制饥饿感来帮助调节人体内的能量平衡。科学家对小小的瘦素非常感兴趣，认为它们可以帮助食量太大的人，但如同一切科学问题一样，研究瘦素比想象中要复杂得多。

瘦素的发现要归功于小鼠。科学家对因为什么都吃而变得肥胖

的小鼠进行了研究。1990 年，他们发现了产生瘦素（顺便说一下，leptin 这个词的词根来源于希腊语，意思就是“瘦”）的基因。由于小鼠体内的这种基因被破坏了，小鼠们也就失去了自己所需的、让自己停止进食的瘦素。当瘦素能够正常分泌时，它会告诉小鼠：“不要再找食物了，你已经储存了大量脂肪。”那么，我们可以用瘦素来治疗肥胖症吗？非常遗憾，我们需要开展进一步研究，才能了解瘦素在人类体内的实际作用。

对瘦素的研究使人们发现了第二种影响食欲的激素——胃饥饿素。如果你体内由于脂肪储存少导致瘦素水平低，那么就会触发身体分泌胃饥饿素。胃饥饿素是一种非常聪明的进化产物，它会让你感到饥饿。当看到一个黏糊糊的奶酪比萨的广告时，你会感到饥饿，这可能是胃饥饿素让你想吃那种食物。此外，有证据表明，当你感到有压力时，胃饥饿素就会产生。这也许可以解释为什么人在压力大的情况下想吃东西。想想你有没有听过这样的话：“把那块蛋糕给我，我马上要参加数学考试了。”或者：“我可怎么办呀，梅布尔姨妈要来接我了。把那块巧克力饼干递给我！”

还有一种有趣的激素，它的名字跟瘦素和胃饥饿素听起来不是一个路数的，更像是战斗机的名字，它叫FGF21（成纤维细胞生长因子21）。FGF21是在我们吃了糖之后产生的，它的作用是控制我们往“甜品胃”里塞多少糖。如果我们是幸运儿，身体能产生大量FGF21，那么我们就不太可能跑到自动贩卖机前，对着它又舔又抱，告诉它我们有多爱它。对于无法分泌这么多FGF21的人来说，甜蜜的诱惑太强了，他们可能是糖果店的常客，会看着橱窗流口水。

我们有时会突然冒出对某些食物的欲望。你会突然特别想吃点盐醋味薯片或一袋太妃糖，你都不知道这个念头是从哪儿来的。有些人会非常想吃某种其他人根本不喜欢的食物。是什么让人产生这样的食欲的？可能当我们还在母亲的子宫里时，偏好就已经逐渐形成了。例如，爱吃胡萝卜的妈妈会生爱吃胡萝卜的孩子。所有的哺乳动物都会向往甜食，也许是因为母亲的乳汁最主要的味道就是甜味。

食欲产生的原因还可能在于，当我们吃东西时，大脑会涌出一股情感，令我们觉得心里暖洋洋的，非常惬意。让我们产生这种感觉的化学物质是多巴胺。研究人员给刚吃完冰激凌的青少年进行了大脑扫描，然后发现这些人没脑子……开玩笑！他们发现，偶尔享受冰激凌的人大脑活动非常剧烈，但总是吃冰激凌的人，大脑信号要弱得多。这表明他们对多巴胺已经不敏感了，也意味着他们想要获得同样的感觉，得吃更多冰激凌才行。所以，你妈妈又说对了——早餐不能吃冰激凌圣代。

美味心理学

人吃什么、怎么吃的背后与非常奇怪的心理因素有关。一些聪明的科学家发现，如果给你重复多次观看某种食物的图片，你会对这种食物失去兴趣——至少在短时间内是这样的。这可能是因为你的身体为了让你不要由于吃太多同一种东西而缺少重要的营养物质——又是进化的功劳。

还有一些别的发现也很奇怪。人在用圆盘子吃东西时，会觉得似乎比用方盘子吃更甜；如果你用铜勺吃饭，会觉得食物吃起来很苦；把草莓慕斯蛋糕放在白色盘子里吃，会感觉比放在其他颜色的盘子里要甜 10%；而如果用透明的蓝色杯子装咖啡，会感觉喝起来没那么苦了……谁能想到这是为什么呢？还有奇怪的呢：人们会感觉红色的无酒精饮料更甜，黄色的则更酸。美国一家饮料公司生产出了一种无色可乐，给它起名叫透明可乐，尽管味道和普通可乐完全一样，但这一尝试还是以惨败告终！

你知道吗，我们的许多种味觉都涉及其他感官：眼睛、鼻子和耳朵。这并不意味着你要开始往耳朵眼和鼻孔里塞胡萝卜、豌豆，或者往眼球里倒蛋奶酱。不，那简直是精神错乱，而且会弄得到处都脏兮

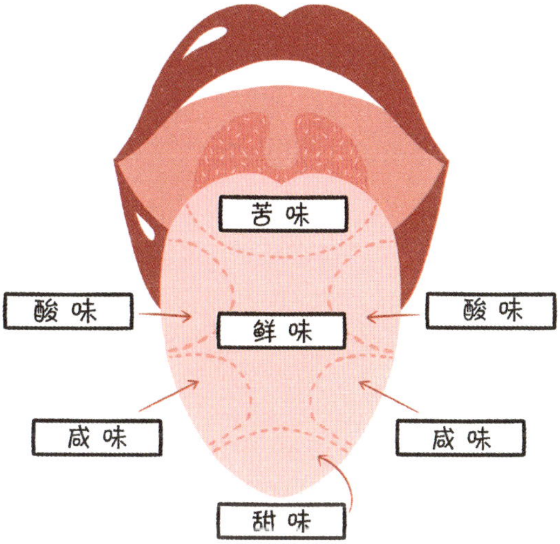

兮的！想要验证这一点，你可以用别的办法。例如，试着捏住鼻子吃薄荷。你会感受不到真正的薄荷味，除非你松开鼻子，这时候薄荷的味道就会流进你的大脑。之所以会这样，部分原因在于人只有五种味觉感受器——咸、甜、苦、酸和鲜，而鼻子里的嗅觉感受器则有数千种之多。

时髦的“吃货”们发现，味觉的变化中还有其他意想不到的因素在起作用。例如，视觉因素。“吃货”们发现餐厅的灯光相当关键，绿色和红色的灯光能让红酒喝起来多一丝果香。在蓝光下，男人吃得会更少……真是疯狂！

此外，视觉因素还有其他影响效果。一位心理学家发现，如果沙拉看起来像康定斯基笔下的画作，食客会更喜欢。如果你看过康定斯基的作品，你就会发现他的画作和沙拉看起来都像是和搅拌机打了一架。然而，这就是味觉之美——或者说是缺乏味觉之美。人们会为了餐馆里各种各样和味觉无关的东西而掏腰包。最酷的时尚人士会花大价钱，用那些你可能从废料桶里挖出来的东西吃饭，比如砖头、旧木板，或狗狗的食盆。按照这个思路，我要去自己最喜欢的垃圾车吃午饭，它位于昏暗的路灯下，里面挂着一幅康定斯基的画，我还要用一只旧袜子喝美味的冷汤。

未来的食物

未来的食物会是什么样的？也许答案就藏在人造肉里。为了减少用于饲喂、养殖和加工牲畜所需的各种资源，科学家已经掌握了在实验室里用单细胞培养产生肉的方法。吃人造肉，控制肉类生产的一个原因是为了拯救地球。肉类生产是温室气体的一个重要来源。在爱尔兰，三分之一的温室气体来自农场动物打嗝释放的甲烷，其破坏性是二氧化碳的 8 倍。

吃人造肉的另一个原因是，人造肉做的汉堡不那么容易让人发胖，这可能会让我们身体更健康。第三个原因在于，人类最终也许能更容易、更便宜地生产出人造肉，这可以帮助我们解决发展中国家的饥饿问题。但消费者这边可能会有问题，研究表明，大多数人不喜欢吃实验室里培育出来的肉。你会愿意吃“怪博士小香肠”吗？

还有一种选择是把昆虫作为食物来源，它们富含蛋白质，而且容易“养殖”。一些文化中本来就有吃甲虫、毛毛虫、蜜蜂、胡蜂和蚂蚁的记录。你期待大嚼一顿蚂蚱三明治吗？嗯……我们的未来嘎嘣脆。

你知道吗？

无论是哪一种肝脏，把它们吃掉的想法恐怕都会让你感觉反胃。生活在北极高纬度地区的因纽特人是吃肝脏的专家。长期以来，他们一直都不吃北极熊的肝。因纽特人知道，北极熊的肝脏里维生素 A 含量极高，因为它们会食用大量的鱼和海豹。但那些抵达这里的欧洲探险者对此毫不知情，一路兴高采烈地大嚼特嚼，最终出现了维生素 A 急性中毒。这种中毒会导致呕吐、脱发、骨损伤甚至死亡。今天晚饭就别点北极熊肝了！

“没胃口”vs“好想吃”

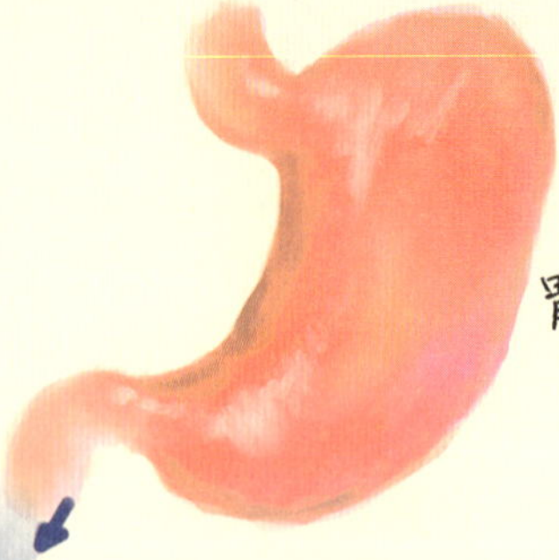

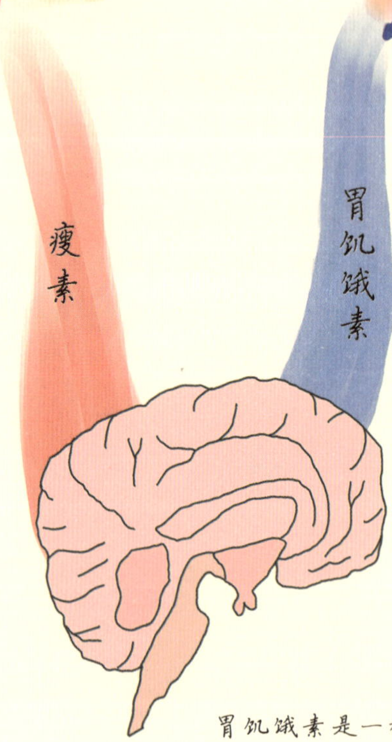

瘦素由脂肪细胞产生，作用于下丘脑，通过抑制饥饿感来控制我们体内的能量平衡。

当我们看到美食广告时，肠胃就会分泌胃饥饿素，这种激素也作用于下丘脑，会让我们感到饥饿。

当瘦素产生时，它好像在对我们说：“别吃了，你储备的脂肪已经够多了。”

胃饥饿素是一种非常聪明的进化产物。有证据表明，我们感到压力大时总想吃东西，就是因为胃饥饿素在作怪。

第十一章

超级英雄召集令

像我们这样的凡人都想拥有超能力，比如超大的力气、超快的速度或飞行的能力。尽管这些出现在漫画书和电影里的内容可能仍然只是幻想，不过真正的科学正在朝着这个方向努力。没错！种种迹象表明，这些科幻作品里的内容有朝一日可能会成为科学现实。这要归功于基因工程领域的最新进展，尤其是一种名为 CRISPR 的技术（CRISPR 的意思是成簇的规律性间隔的短回文重复序列，但是你不需要管这个难记的名字，只需要知道它是一种基因编辑技术就行了）。其实，有一天我们可能会通过在人出生之前纠正其有缺陷的基因，创造出不会生病的人类，创造出拥有超视觉的人类，创造出拥有超大力气的人类……想想，爱尔兰神话里的传奇英雄芬恩·麦克库尔出现在你的生活里，或者你的好邻居变成了蜘蛛侠。这怎么可能呢？

创造超人，总共分几步

事实是，想要创造出超人，我们不需要那么多的技术。我们从一开始就很自然地做这样的尝试。你知道吗，人类生来就懂得尽可能找最好的伴侣，并寻找能让我们变得强大和不可战胜的特征。我们真的很渴望某些特征，比如高智商、有光泽的头发、长满牙齿还喘着气的大嘴……会喘气很重要！

但就在我们说话的当口，已经有公司在做打造超级人类的生意了。例如，一个名为23andMe的组织正在研究家族特征遗传计算器，简称FTIC。这项发明借助基因和计算机技术，让满怀希望的准爸爸、准妈妈可以挑选出自己希望孩子拥有的某些特征。事实上，这样的公司已经有很多了。人们已经建立了海量的数据库，可以让妈妈们在了解捐精者的财富和家庭背景情况之外，还能知晓他们的眼睛颜色、身高、智力水平等信息，这是一笔大生意。

有些人认为，我们可以改善那些与性格有关的特征，比如幽默感或亲和力。想不想拥有一个高端定制款宝宝？我们快到奢侈品店了吗？其实，科学研究已经在打造超级人类方面取得了一定进展。想象一下，未来人们可能在等候室里排队订购焕然一新的人类……有人想要一个这样的孩子：

- 有阿尔伯特·爱因斯坦一样的头脑
- 闻起来像草莓冰激凌
- 拥有猎豹一样的奔跑速度
- 在我讲笑话的时候哈哈大笑
- 永远不会放屁

我们可能会对此一笑了之，但科学告诉我们，或许这样的世界并不遥远。CRISPR技术已经能让我们在婴儿出生前修复与心脏病有关

的基因了。

不过，有一点需要提醒：这个“美丽新世界”可能危机四伏，而且我们得先讲一讲一个重要的问题，因为它会导致“富人”和“穷人”之间拉开差距。你如果很富有，就有钱做基因改良；你如果很穷，就不能。这就是关于在人类身上使用 CRISPR 的伦理问题，也就是把这项技术用在人类身上究竟是对是错。人们一直在激烈争辩这个话题，许多国家已经禁止将该技术用于人类。国际指南认为，人类不应该被 CRISPR 改造。而且令人担心的是，一旦开了这个头，事情就停不下来了，地球上的种群将会发生巨大变化。有史以来第一次，地球上有一个物种可以篡改遗传信息。我们看了很多电影，肯定知道这样的先进技术一旦落入坏人之手，会发生什么……

在一个晴朗的日子，纯粹为了写书，我做了点研究——假设我的手并不是什么坏人之手——我检测了自己的 DNA。猜猜我发现了什么？实话实说，我的基因基本上就是个灾难：

- 华法林是一种抗凝药物，可以防止体内形成危险的血栓，而我对这种药物过敏。
- 我容易感染诺如病毒——冬季高发的让人呕吐的病原体。
- 等我老了，失明的风险很高。

如果你把所有这些因素结合起来，编一段咒语，把我当成超级英雄来召唤的话，我猜会是“他来拯救世界了，他就是眼睛近视、经常呕吐的血栓侠”！颤抖吧，大反派们！

动物大改造

除了改造人类自己以外，我们也可以在动物世界“捣捣乱”。我们已经改造了狗、山羊和猴子，但在猪身上取得的进展最大。我可没骗你！我们可以创造出肥猪、瘦猪、大猪和小猪。你甚至可以买到一种叫作微型猪的宠物，它的体形大概只有普通猪的六分之一。

“猪肾”可能听起来像一道恶心的菜，一道势利眼去高级餐厅时，可能会挥霍 8 万欧元点的菜（而且还吃不饱，吃完了还需要再来一根巧克力棒）。但实际上，我们马上就能将猪的器官用在人类身上了。从拯救生命和解决当下移植器官短缺问题的角度说，这办法非常棒。大体来说，我们即将拥有一个可以“快速下单”的“窗口”，这个“窗口”能更换我们所有有问题的器官：“我想要两条新腿、一个肾脏，再来一杯无糖可乐。”

更进一步说，在这个科学快速进步的“威利·旺卡[30]”之地，我们人类可以向自然界的朋友们吹嘘，我们已经制造出了毛更长的山羊，可以生产更多的羊绒……可真棒！奶奶圣诞时会送我更多让人发痒的毛衣和围巾。不过正经点说，我们可以把蚊子的问题解决掉，让它们无法繁殖，然后远离人类世界。解决了蚊子，就意味着我们可以很快消灭疟疾，目前每年有数百万人死于这种疾病。

超能力的科学调查

医生、科学家和研究人员让我们进入了这个了不起的时代。毕竟，他们是非常聪明的人类。在过去，医生通常会通过研究病人来寻找新的治疗方法，但最近，这些绝顶聪明的家伙换了路数。现在他们关注的是那些没有生病的人——那些感染了某种疾病或病毒却从未生病的人。这些人不按正常逻辑，打破了自己的生理规律。通过研究这些人，科学家们或许能够找到方法，帮助其他人避免生病。

人类也正在研究运动行为。科学家们正试图增强我们的肌肉功能，这也许能让老年人的肌肉变得强壮，或发明治疗肌肉萎缩的新方法。如果可以干预肌肉，我们打算创造出拥有强大的爆发力或耐力的超人吗？长期以来，东非运动员一直是公认的优秀长跑运动员，但影响其运动表现的遗传因素，科学家们还没找到多少。不过，他们发现了一

种可以增加肌肉量的蛋白质。把这种蛋白质整合到小鼠身上时，它们的肌肉变得比普通小鼠的肌肉强壮三倍——变成了超级老鼠！

科学家们很想知道是否真的可能制造出传说中的“超级英雄”。像爱尔兰英雄芬恩·麦克库尔能投掷马恩岛那么大的石头。在美国，漫画书和好莱坞科幻电影描绘出了赋予人类超能力的方法。我们都看过这样的电影，一个科学家在实验室工作到很晚，然后遭遇了有一点科学元素的不幸意外——接触了某些有毒化学物质或被放射性蜘蛛咬了，嘿，一眨眼，就变成了绿巨人或蜘蛛侠。

“超级英雄”通常是从科学家开始的，成为绿巨人的布鲁斯·班纳就是一个很好的例子。他们往往外形英俊又强壮，这马上会引起我们的怀疑：这怎么可能呢？我们都知道，科学家往往其貌不扬，他们所有的时间都用在实验室里做无聊到难以置信的事情。我们有没有可能把科学家变成“超级英雄”呢（当然，“超级英雄”本来就已经是科学家了）？

创造一个拥有超人能力的人是不可能的。超人克拉克之所以能在地球上举起重物，是因为他的家乡氪星的重力比地球上的重力大得多。他只要想，就能飞起来。遗憾的是，人类永远实现不了这个愿望。作家道格拉斯·亚当斯说过，飞行的诀窍就是把自己往地上扔，并且刚好错过与地面接触[31]——他说得轻松。

蜘蛛侠的超能力有更坚实的科学依据。彼得·帕克这个普通人被一只暴露在辐射中的蜘蛛咬了一口，因此变成了蜘蛛侠。辐射可能改变了蜘蛛的DNA，而蜘蛛注入彼得体内的毒液又改变了他的基因。也许蜘蛛侠的作者预见到了CRISPR技术！蜘蛛侠有超强的抓地力，能够爬上墙壁，横穿天花板。蜘蛛可以做到这一点，部分原因是它们的脚底有特化的刚毛，可以让它们抓住东西。那它织的网呢？蜘蛛网是由蛛丝构成的，蛛丝富含一种名为角蛋白的蛋白质，强度很大，因而蜘蛛侠甚至能用他射出的蛛丝抓捕罪犯，然后把他们捆好吊起来。目前，科学家正在研究蛛丝，看看能从中发现什么奥秘，从而制造出更坚固的袋子和其他材料。

那么，蜘蛛侠奇特的感应力呢？蜘蛛身上长着刚毛，这种毛发直接与蜘蛛的神经系统相连，可以探测气压和温度的变化。或许蜘蛛侠也有这种能力，可以探测空气中的变化，这让他如同有了顺风耳。所以，谁知道呢，如果我们从动物王国中寻找灵感，我们没准真能造出一个蜘蛛侠。

绿巨人也借鉴了一些货真价实的科学原理。在最新的版本中，布鲁斯·班纳父亲的工作就是进行 DNA 编辑，他改变了自己的基因，然后遗传了下来。作者们是看过 CRISPR 的起源了吗？然后布鲁斯受到伽马射线这种高能辐射的照射，导致他的基因进一步发生变异。最终他的肌肉量大大增加。但是，突然产生这么大量的肌肉，实在是太牵强了，因为这些转变需要数年时间才能完成。所以，想练肌肉，还是去健身房吧！

你知道吗？

如果我们把目光转向丹麦，没准可以学到一两件关于制造超人的事。在丹麦，人们不仅环保，而且自 2006 年以来，他们一直在对人进行"回收利用"！你没看错，丹麦的 31 家火葬场成功回收并出售了超过 1.6 吨的膝关节和髋关节置换物……所以，在丹麦，"她的膝盖遗传了奶奶"可能还有另一层意思！

第十二章

机器人是救世主还是大魔王？

在你看过的电影中，有多少是讲机器人疯了，调转矛头攻击创造了它的人类的？而主人公不得不把它关掉，然后说一句类似“计算一下失败的后果吧”或“你可不该惹我”或“我本来就不喜欢重金属”这样酷酷的台词。很长一段时间以来，人们对机器人和人工智能做出的预测都是十分消极的。比如：

- 机器人会比我们更聪明！
- 机器人会抢走我们的工作！
- 机器人会占领世界！

好吧，你猜怎么着，至少其中一些猜测正在变成现实。我们应该害怕吗？应该特别害怕吗？还是我们应该接受这一切？我们甚至可能因此变得更加自由和快乐。

全面取代

许多重复性的工作已经被机器取代了，比如在商店里，你可以在自助收银台付款。你认为一个人一天能说多少次“装袋区的物品被移

10.88
书&螺栓
EST 22
营业中

开了”，还不会因为感到无聊而爆炸？科学家们还没制造出会感到无聊的机器人——这对人类来说是个好消息。我们已经看到了能做家务的机器人。比如扫地机器人或擦窗户机器人越来越普遍；还有去除污渍的机器人，它们最终也许能把口香糖从地毯上弄下来。

在北京，有20多家无人书店。这些自动化书店全天24小时营业，店内的工作全权由机器人负责。机器人会给顾客推荐书籍和提供其他建议。现在，部分城市在尝试开机器人商店。也许很快，这就会成为我们所有人的日常购物体验。如果商店里只有你和机器人，买新袜子会不会更容易、更轻松？

一家名为硅谷机器人的公司推出了一款机器人，可以在酒店迎接客人，并帮他们办理入住手续。据说，当人们感到疲劳或只是想放松时，更喜欢与机器人打交道，而不是与人类打交道。你想笑就笑吧，但你脸上的微笑正是我们要讲的下一个东西。中国正在研发能识别人类面部的自动取款机，它让你“笑着掏钱”。

娱乐、音乐和艺术领域也发生着不可思议的技术进步。“肯定没有，”你可能会想，“机器人怎么能取代波诺或阿黛尔呢？”嗯，你只需弄个全息影像就行了，这是一种用激光制成的图像，可以使图像看起来像是实体。2012 年拉斯维加斯的一场音乐会上，就出现了这样的场面。说唱歌手图帕克·夏库尔（Tupac Shakur）以栩栩如生的全息影像完成了表演……虽然他已经去世 16 年了。ABBA 乐队以全息影像乐队进行巡演……天啊！想想这种可能性吧，也许未来几代人可以买到披头士或猫王的演唱会门票呢。你的父母可能终于不会再说“我们那会儿的音乐更好”这种话了。

而在艺术方面，机器利用人工智能也能生成艺术作品了。这些机器通过分析大量图像来“学习”。你可以输入一些描述性的词汇，选择自己喜欢的风格，AI 将利用自己所学到的内容来创造一幅新的图像。瞧，这手笔可以与文森特·梵高媲美了。

连科学家自己也可能面临失业的风险。最近，一个名为“亚当”的机器人能够设计实验，实施实验，然后对结果进行解释。与此同时，曼彻斯特大学有一个名为“夏娃”的机器人，它一直在努力鉴别抗疟疾药物。这些机器人从事的通常是重复性工作。它们也许能在与疾病相似的实验体系（比如从病人身上提取的细胞）上，测试数百万种不同的药物，努力找到有效的药物。尽管这么能干，但它们还是需要由人类分配任务，并被编写合适的程序去完成这个任务，因此至少有一些人类的工作还能被保住。

医学已经身处机器人革命当中了。如今，机器人可以诊断疾病，然后开出正确的药物，甚至进行手术。看病的关键就是找出患者到底得了什么病，然后利用大量的信息，选择最好的治疗方法。医学可能会变成一页纸，一面是一长串疾病清单，另一面是治疗方法，由机器医生来解决所有问题。

但有一种职业最有可能依然需要人类从事，那就是护理工作。像护士这样的职业，几乎将所有机器觉得困难的事情完美融合到了一起：精细的运动技能（比如把管子插进胳膊里）、专业知识，以及在工作过程中逐渐了解各种各样的潜在并发症。显然，这份工作也需要从事者能感同身受、面目友好，这都是机器人还没有完全掌握的！

医生将变得不受欢迎。医生的培训费用和薪水非常高，而且他们会犯错误 —— 毕竟他们也是人。而一个名为“达·芬奇”的机器人操作精度很高，可以进行人类无法进行的手术，人可以远程操控它。这意味着一家医院的外科医生可以为另一家医院的病人进行手术。

还有像 Mabu 这样的个人医疗伴侣机器人。机器人 Mabu 能够与患者聊天，并将信息转告医生。当患者（或者医生）不想与人类交谈的时候，Mabu 可以帮助他们在不跟人说话的情况下，仍然完成治疗。这样太好了，特别是你在预约当天醒来，发现头发睡得跟鸡窝一样时！

除了医生以外，我们会在医疗服务的许多方面，看到越来越多的机器人。日本人对此尤其感兴趣，因为他们的人口老龄化严重。日本人的发明使老年人和他们的照护者都更轻松。他们发明了一种“肌肉服”，可以让护理人员在扶起卧床的病人时获得助力。它看起来像一个背包，护理人员抬起病人时，最多能节省 30% 的力气。不过这东西价格极其昂贵，而且看起来很傻，所以我不建议你为了背书包更轻松就去买一个。

日本人还开发了一种叫“灯光机器人”的设备，它的样子像一根拐棍，可以引导视障人士前往目的地，并提醒沿途的危险。它之所以会被开发，是因为日本缺乏导盲犬，而且在东京这样的大城市很难把狗当宠物养。机器人不仅会使人失业——狗也得担心自己的饭碗了！求职中心很快就会挤满悲伤、贫穷和孤独的拉布拉多犬。至于什么时候会有像狗一样在粪便里打滚、从你的盘子里偷走晚餐的机器人，还没有报道——这对我们来说可能是件好事。

接下来讲讲我们一直在期待的“超级英雄”。没错！是鸟吗？还是飞机呢？不，是美甲机器人。这个机器人不会飞，不能让自己隐形，也没有 X 光透视眼，但它可以……等等……给你涂指甲油。是的，美甲机器人的能力就是给你涂指甲。我是认真的，仅此而已！有些人因为年纪太大或受伤而无法给自己涂指甲，对他们来说，这就方便多了。如果你的奶奶双手发抖，那么美甲机器人就能挽回局面了。它涂指甲油涂得比人类更精准。涂好啦！

新闻从业者也可能要面临困境了。一家名为“叙事科学”的公司推出了一款产品，叫“羽毛笔”。如果你按照特定的方式输入信息，它就能输出一个令人信服的原创新闻故事。它特别擅长撰写体育和金融领域的新闻，这些领域的新闻格式都是相对固定的（比如进球数量或股票价格）。你怎么确定，此刻你读的内容不是机器人写的……不是机器人写的……不是机器人写的?

有句话说，搜索引擎比你自己更了解你。嗯，这很可能是真的。如果你经常用电脑浏览器上网，一定见过“cookie”（曲奇）这个词，它其实是网站浏览信息数据的意思，这个小发明正忙着构建一个虚拟的你。在过去，cookie 里塞满了巧克力，可以蘸牛奶，非常好吃，但如今，它们是法医侦探。你知道吗，当你访问一个网站时，一个名为 cookie 的小文件会把你的操作记录下来。你搜索过的所有东西都被凑在一起，用来判断你喜欢什么和不喜欢什么。互联网知道你是否喜欢编织、吃球芽甘蓝、用你爷爷的须后水，然后，它可能会把装在羊毛瓶子里的球芽甘蓝味须后水的广告展示给你。恶心!

机器崛起

机器人有可能让人类成为它们的奴隶吗?有证据表明，机器人会彼此协作，要是机器人能在没有人类的情况下一起行动，我们就大祸临头了。它们可能在交流看法，讨论谁的厨房最脏。机器人革命可能已经开始了：在澳大利亚，一名女性将一台清洁机器人放在橱柜的台面上，清理洒掉的麦片。工作完成后她就把它关掉了。然而，机器人显然对自己辛劳的生活感到绝望，并感觉自己面临着一场“存在危机”。于是它重新启动自己，走到电炉前，把咖啡壶推到一边，然后停在炉火上，直到把自己点燃，大火烧毁了公寓的大部分，也烧毁了它自己。

人们还进行过一个思想实验，叫“回形针制造机器人”。想想看：有这样一个机器人，它的程序就是制作回形针。它非常擅长这项工作，它耗尽了地球上所有的资源来实现这一目标。然后，它决定摆脱人类，因为人类会消耗资源，还可能会关闭机器人，阻止它生产回形针的大业。最终，这个聪明的机器人用回形针填满了整个宇宙。瑟瑟发抖。

不过，发生这种事的可能性有多大呢？

许多著名的科学家和商人都表达了他们对“人工智能接管地球”这一可能的担忧——在这个世界中，人类将成为机器人的奴隶。埃隆·马斯克（Elon Musk）、比尔·盖茨（Bill Gates）和已故的伟大科学家史蒂芬·霍金（Stephen Hawking）都公开表示，他们担心这些聪明的机器人会不断进化并掌控大局。霍金对未来人工智能的崛起极为忧虑。这位聪明的人并没有预测世界末日会成真，但他对人工智能的态度却很慎重。他说：“这要么是发生在人类身上最好的事情，要么是最坏的事情。要是我们不够小心，它可能是人类经历的最后件事。”

霍金当然能看到机器人给人类带来的诸多重大机遇，但他担心机器人可能会快速进化。而人类缓慢的进化节奏对我们来说是一种限制。我们要想进行翻新、重制和升级，要花几代人的时间——即使这样，我们也无法摆脱像上了年纪之后膝盖疼这种麻烦事儿。然而，机器人可以更快地改进自己的设计。或者，正如霍金所说：“从短期来看，人工智能会带来什么影响取决于它由谁控制；而从长期来看，则取决于它是否能被完全控制。”再次瑟瑟发抖。

这听起来很像科幻电影里发生的事情。有些人认为世界上有“好”机器人和“坏”机器人，就像电影《变形金刚》里，擎天柱与威震天对抗。但机器人不可能产生恶念。原因在于，在我们制造这些机器时，必须建立检查和制衡机制。我们不能造出一个会犯错的手术机器人。而且，每一台机器、每一个软件都必须自带安全检查，确保不会出现任何问题，不会有人在使用过程中受伤。未来的交通运输尤其如此。机器人将接管这个领域，无人机已经开始承担向各个家庭配送包裹、从空中拍摄电影大片、执行秘密监视等任务了。我都可以想象出，某个街角挤满了愤怒失望的配送司机、电影制片人和间谍的画面。别看什么史蒂芬·斯皮尔伯格的片子了，你可以看看史蒂芬·机器人的大作。

可以肯定的是，未来有望出现无人驾驶汽车。谷歌之类的大公司正在汽车自动驾驶的领域大展拳脚。法国里昂已经出现了无人驾驶巴士，而巴黎正在计划让老城区也实现无人驾驶。这些车辆将以电力驱动，靠太阳能充电。交通事故、堵车和停车位“一位难求”将成为过去。想象一下，假如世界上的城市中心都没有停车位，这会有多美妙。巴黎市的老城区里停放着 15 万辆汽车。要是这些空间都释放出来，你会用来做什么呢？建造公园？修建自然步行道？还是给所有失业的出租车司机盖个避难所？

还有更棒的，早晨通勤或上学会因此变得非常轻松。你可以坐在车里喝一杯焦糖星冰乐、看看手机，或者在上学前赶紧做完头天晚上没做完的数学题。奶奶去玩宾果游戏也会变得小菜一碟，行动不便的人可以去他们想去的任何地方。青少年将不再需要妈妈或爸爸开车送他们。没有了开车的需要，赛车场将会繁荣起来，汽车爱好者可以在那里玩一天——开车将会成为一种爱好，就像打高尔夫球或集邮一样！

不好的消息是，德国人不会高兴。汽车销售是德国经济的支柱，汽车产业贡献了经济总量的三分之一。如果想要生存，他们得和谷歌合作，宝马得改名叫宝歌了！但好消息是，我们将告别汽油税、超速罚单、停车罚款和全球大量尾气排放。

其实，技术和机器人进步可能并不意味着世界末日，而是意味着更方便、更闪亮、更安全、更清洁的新世界。机器人产业目前有近 25 万从业者，而且这个产业在各地都正急剧扩大。我们可以期待一个充满机器人的世界，在方方面面给予人类帮助：检查我们的身体健康情况，给我们涂指甲油，以最悠闲的方式开车带我们去任何我们想去的地方。我们会舒适地坐着，观看壮观的汽车大奖赛的重播。然后我们会想起过去的时代，那时大多数人从事着艰难而无聊的工作，经常因为堵车，停在路上几个小时，同时排放着污染地球的烟雾。

加油呀机器人，我们人类除了枷锁以外，没什么好失去的。

第十三章

不可思议的人类发明

我们人类发明了一些不可思议的东西。比如火车、飞机、潜艇，和太空火箭，它们能让我们以前所未有的速度，飞快地抵达想去的地方。即使在自己家里这样的一方天地中，我们也拥有了智能音箱、笔记本电脑、苹果手机等发明。这些由人类发明的巧妙的东西，确实让人类今天的生活变得如此方便。但我同样要指出，人类还提出过一些有史以来最愚蠢的想法。幸好，好多蠢念头从未实施。下面就是一些例子。

疯狂的主意

鸽子计划： 早在 1941 年，一位名叫 B.F. 斯金纳的美国科学家提出了一个想法，他认为这个点子有望在第二次世界大战期间击败阿道夫·希特勒。斯金纳打败西方世界暴君的伟大构想要寄托在何方神圣身上呢？呃，其实是鸽子……抱歉，你没看错！就是鸽子。斯金纳证明，这些长着羽毛

的小朋友可以仅仅通过啄屏幕上的目标区域，就可以让导弹上的方向舵移动，引导导弹飞向一艘模型船。即使在导弹快速下降的最后几秒钟内，在四周爆炸连连的情况下，斯金纳的鸽子也会继续啄屏幕，而且精准得令人难以置信。斯金纳的计划是在每个导弹筒里放三只鸽子，训练它们引导导弹飞向最终目标。鸽子炸弹在三年后的1944年就被取消了，这对斯金纳来说相当遗憾。因为政府官员觉得他们无法信任鸽子能驾驶和控制如此危险的武器……哼，可不是咋的？

逃生棺材：1868年，弗朗茨·韦斯特发明了“逃生棺材”，以便当死尸觉得自己对死亡不再感兴趣的时候，能做点什么。这种棺材配有一个“逃生梯”和一根拉绳，可以拉响尸体所在墓地的铃。韦斯特觉得，人们会为了想要得到这种棺材而抢破头，但“逃生棺材”从未真正流行起来……

全新的核动力汽车：福特“核子”原本可以成为世界上第一辆核动力汽车，起初，这个想法看起来真的很不错。例如，从燃料经济性的角度讲，它性能出众，开8000千米都不需要补充燃料。1958年，科学家确信，搭载核反应堆的原子动力汽车是一种绝妙的交通工具，将彻底改变全球汽车市场。但更重要的是，人们意识到，即使是最轻微的车祸也可能导致整个城市遭受核打击，因此这个绝妙的计划，嗯，被炸掉了！

氯氟烃（CFCs）：氯氟烃是一种有害的化合物，用于制造冰箱和气雾剂，会对环境造成严重破坏。氯氟烃能够与大气中的臭氧结合，让大气的臭氧层变薄。臭氧层是地球重要的环境屏障，能保护地球表面免受太阳紫外线辐射的伤害。南极洲上空臭氧层变薄的现象被称为臭氧空洞，就像温室屋顶开了一个大洞。1978 年，瑞典成为全球第一个禁止氯氟烃产品的国家。后来，美国和加拿大也出台了同样的规定。现在，大多数国家都不允许使用氯氟烃产品。不过，氯氟烃能在大气中存在近一个世纪，这是一个非常严重的错误。我们的错！

飞上太空

事实上，你总得打破几个鸡蛋才能成功做出一个煎蛋卷。尽管有错误，但我们已经设计出了一些你能想象到的最神奇的机器。其中之一就是国际空间站（ISS）。国际空间站是人类有史以来建造的非常昂贵的项目之一，目前估计成本为 1500 亿美元，写成阿拉伯数字就是这样的：150000000000 美元。好多个零啊！

国际空间站是一个运行在近地轨道上“能住人”的空间站，目前仍在使用。也就是说，它在我们头顶上方 330 千米至 435 千米的高度，围绕地球转动。这个设备每天会在天空中掠过 15 次左右，它十分庞大，如果刚

好在你的上空经过，你用肉眼就能看到它。现在，人类在空间站上进行生物、化学、物理、天文学和气象学方面的实验。俄罗斯、美国、欧洲航天局成员国和日本的运载工具会定期到访。来自 17 个国家的宇航员在国际空间站工作过，希望他们每年仍然互相发送圣诞贺卡，纪念在太空中度过的美好时光。

但我们究竟该怎样把它送到地球之外的高空呢？这项大工程开始于 1998 年，当时俄罗斯将国际空间站的组件发射到了太空，然后通过宇航员太空行走和计算机自动控制，在轨道上一点点把空间站搭建起来。2000 年，俄罗斯“星辰号”飞船发射升空，并借助计算机自动控制为空间站增加了一些真正像家一样的舒适设施，如卧室、厕所、新厨房，可以净化空气、让宇航员可以呼吸的二氧化碳洗涤装置，以及健身房和通信设备。多年来，空间站上增加了越来越多的组件，使这里变得更宽敞、条件更好。2010 年，“穹顶号”观测舱与空间站对接成功，它基本上成了宇航员的“休闲区”，让那些生活在太空中的宇航员们有了可以“享受美景”和“放松”的地方。真不错！

人类在太空中怎么生存呢？是这样的，专家告诉我们，在太空生存需要五个基本要素：空气、水、食物、卫生设施和散热。空间站产生的空气与我们在地球上呼吸的空气完全相同，气压也与海平面相当。净气装置会将二氧化碳、汗液以及宇航员肠道中产生的臭气和甲烷等人类排泄物清除掉——舒服。空间站的电力是由太阳能电池板产生的。空间站内每台设备都会产生热量，因此，需要利用液氨将热量输送到空间站外的散热器上，从而完成散热。

国际空间站一直与地球保持联系，尤其是与休斯敦的地面控制中心—— 希望控制中心的工作人员不会听到那句著名的太空呼唤：“休斯敦，我们有麻烦了。”空间站内有先进的电信网络，甚至有 Wi-Fi！

宇航员在空间站工作的时间通常一次长达 6 个月，但这并不是最长的时间。苏联的一名宇航员保持了人类在太空中停留时间最长的纪录：谢尔盖·克里卡列夫（Sergei Krikalev）曾在太空中度过了 803 天 9 小时 39 分钟。这些“太空游客”们只要能通过体检，就有机会飞上太空，前往国际空间站。每位游客要花费多少钱？ 5000 多万美元吧。而且，想去还得排队呢，已经有“太空游客”开始排队了！不过，去那里的人一点也不喜欢被叫作“太空游客”。因为他们通常是科学家，去空间站是为了参与实验。科学家们一直在研究植物和人体细胞在零重力下如何生长。

国际空间站上的宇航员整天都在做些什么呢？早上 6 点，宇航员会从梦中醒来，享用太空早餐，希望没有添加外星人。上午 8 点 10 分，宇航员们开始工作，这通常意味着要做一系列实验；下午 1 点 05 分，一个小时的午餐休息时间到了。下午的活动和上午一样，他们在晚上 9 点半上床睡觉，但跟在地球上睡觉可不一样。晚上，空间站的窗户被盖上，从而帮助宇航员入睡，防止他们在一天内看到 16 次日出和日落。尽管这些“游客”花了那么多钱，但他们还是得把睡袋挂在墙上的某个地方睡。虽然在国际空间站上是可以飘着睡觉的，但通常要避免这样做，因为要防止睡觉的人撞到设备。

空间站上的食物怎么样？出于某些特殊原因，外卖公司没有开展把食物送向太空的业务，所以，所有食物都是用真空密封袋包装好运到空间站的。在零重力的环境下，体内的液体会受到低重力环境的影响，从而扰乱宇航员的嗅觉，使他们闻到的味道变淡，因此送到空间站的食物会添加更多香料。好消息是，新鲜的水果和蔬菜偶尔会被送到空间站上。宇航员们需要自己做饭，这样争吵就会变少，也让他们“有事可做”。用餐期间，任何飘走的食物都必须收集回来，因为它们可能会堵塞设备。还记得《辛普森一家》里的一集，霍默偷偷带了一包薯片上飞机的情节吗？真是危险。

卫生问题很棘手。国际空间站上以前有淋浴设施，但宇航员每月只能洗一次澡，不管他们是否需要。想象一下空间站里的气味吧！后来，喷水器和湿巾取代了淋浴设施。由于在太空不方便用水，宇航员们还会使用免冲洗洗发水和可食用牙膏。空间站上有两个厕所，都是俄罗斯人设计的。在厕所内，固体废物可以被储存起来进行处理，排尿的话男性和女性宇航员都有专用的漏斗，漏斗的设计适应了男女不同的生理结构。尿液会被收集起来，并循环利用产生饮用水。因此，国际空间站的宇航员会喝彼此的尿液。千真万确！他们回收尿液，还会一饮而尽……味道好极了。

国际空间站的其中一个使命是，让人类为将来的月球或火星之旅做好准备。在空间站里，人体接受了零重力条件下的各种测试，很多太空医学研究也在那里进行。在零重力状态下，人体会出现一些变化，包括肌肉萎缩、骨质流失，以及体液异常等现象。宇航员必须定期锻炼来确保自己的肌肉和骨骼机能正常。

国际空间站还具有重要的教育意义。地球上的学生可以设计实验，并通过无线电、视频连接和电子邮件与宇航员交流。欧洲航天局提供了大量可供课堂免费使用的教学素材。2013 年 5 月，指挥官克里斯·哈德菲尔德在国际空间站翻唱了大卫·鲍伊的《太空怪谈》(*Space Oddity*)。这段视频发布在视频网站 YouTube 上，它已被播放超过 5100 万次，是有史以来第一支在太空拍摄的音乐 MV，也可能是有史以来最昂贵的视频！

末日机器

大型强子对撞机（LHC）的造价超过了 75 亿欧元，比国际空间站便宜不少，但它仍然是有史以来最大、能量最高的粒子加速器。大型强子对撞机由一条 27 千米长、穿越法国和瑞士边境的隧道组成，之所以这么大，是因为它得这么大。

这台巨大而昂贵的机器肯定在进行某些重要的科学工作。它的职责是什么？让东西撞在一起。你可能会说：“我的小妹妹每天都会做这种事。”但大型强子对撞机是让粒子碰撞在一起，而粒子是构成整个宇宙的基石。这和让玩具车碰在一起还是有点区别的！当它启动并运行时，质子（一种粒子）可以在九千万分之一秒的时间内穿过 27 千米长的隧道。然后，它们以令人难以置信的超高速度撞击在一起—— 所以这台机器叫“对撞机”—— 让它们分解，看看它们是由什么组成的。在 LHC 工作的科学家们在努力研究科学中的基本问题：理解宇宙为什么存在，以及如何以我们观察到的方式运行。

大型强子对撞机刚建成时，一些科学家非常担心它会成为人类末日的开始。有人把它称为“末日机器”，也有人说它太强大了，可以制造出黑洞，把地球上的一切都吸进去。另一些理论认为，它可能会产生危险的粒子，这些粒子可能会从里面逃出来，把地球上的一切都变成一坨巨大、火热、奇怪的物质块。不过这些事情都还没发生过—— 要是发生了，人类肯定注意到了。LHC 已经帮助科学家们有了许多令人难以置信的发现，这些发现正在帮助我们更好地了解这个世界。

国际空间站和大型强子对撞机这两台“超级机器”，是数十万人经过数百年，在前人基础上一点一点积累产生的成果。两者都是在人类永不停息的好奇心驱动下产生的，而这也正是人类不断进步的动力。当尼尔·阿姆斯特朗成为第一个登上月球的人类时，他身后站着很多很多人，这些人的工作才让他迈出了那一小步。搞了那么多数学、科学和工程学研究，听了那么多课，考了那么多试，最终都是值得的。

人类在国际空间站和大型强子对撞机上进行了很多令人兴奋的工作。它们都是很好的例子，证明人类在一起工作，不是打架、争吵，或把对方的内裤扯到头上时，可以取得多么伟大的成就。而这仅仅是个开始。谁知道这两台机器接下来还会告诉我们什么呢？谁知道我们会造出什么了不起的新机器呢？

你知道吗？

LHC 的核心部件也是世界上最大的冰箱。这个冰箱的设定温度比外层空间还要低。LHC 里面的电线特别多，如果让这些电线首尾相连，长度足够在地球和太阳之间先往返 6 次，剩下的部分还能再从地球到月球往返 150 次。这电线可真够长的……

一连串错误发明的罪魁祸首

氯氟烃是由碳元素（C）、氯元素（Cl）和氟元素（F）组成的有机化合物，是一种有害的化合物。

氯氟烃

氯氟烃在太阳光中紫外线的照射下会分解出氯自由基，破坏臭氧层，让大气的臭氧层变薄。

这样的有害化合物曾经在我们的生活里潜伏很久。

清洗剂

氯氟烃能够溶解油脂，曾经被用作电子零件及金属用品的清洁剂。

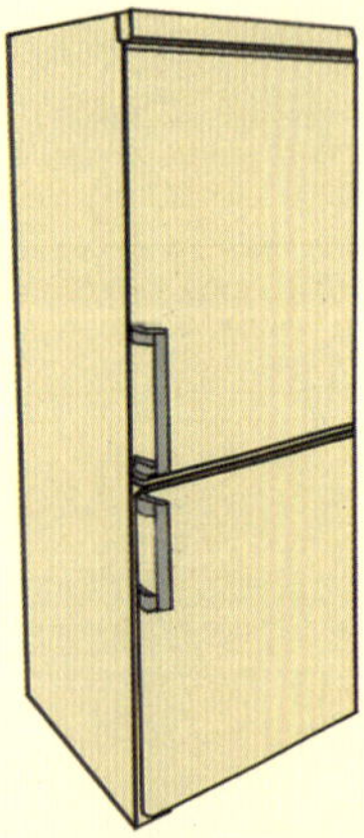

冰箱冷冻剂

臭名昭著的氟利昂也是氯氟烃。曾经被当作制冷剂，广泛应用在冰箱、空调中。

压缩喷雾喷射剂

液态氯氟烃被加进喷漆及杀虫剂等压缩喷雾的容器中。使用者使用压缩喷雾时，液态氯氟烃汽化，里面的液体会喷射出来。

第十四章

我们能消灭所有疾病吗？

脸书（Facebook）的创始人马克·扎克伯格成立了一个基金会，目标是到 2100 年消灭所有疾病。你可能会认为这是一个颇有野心的目标，但我们在相当短的时间内，在与疾病的斗争中已经取得了不少进展。疾病一直困扰着我们这些可怜的人类，它被定义为一种损害身体正常功能的异常状态，通常有特定的症状和体征。大体而言，它会阻止我们过上最理想的生活。有些人会生病，有些人不会。这可能是因为我们携带了让我们生病的变异基因，也可能是因为我们的生活方式造成了疾病，或者两种因素兼而有之。通常都是这样的，有些人生病是因为贫穷，或者只是因为运气不好。

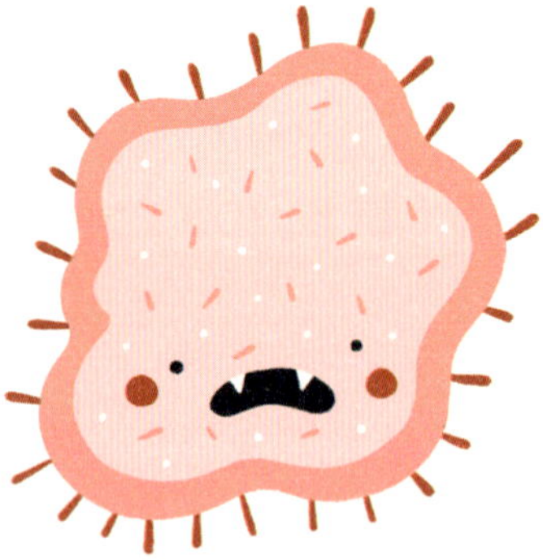

医学研究使我们生病的东西，并为我们提供了有效的治疗方法，但许多疾病仍然很难治疗。我们都知道，找到新疗法需要投入很多，可尽管如此，我们还是会经常读到医学突破的报道。所以，我们的未来会是什么样子呢？嗯，我想趋势是好的。如今，我们比以往任何时候都更了解，当我们生病时，身体出了什么问题；对于某些疾病，我们甚至能了解具体是身体中的哪些微小结构出现了问题。现在，我们还想要预防疾病的发生，或者在疾病出现时能及时治好它。

看不见的威胁

为什么我们天生就容易患上讨厌的疾病呢？有一种观点认为，自人类放弃了游牧生活，开始在村庄和城镇定居，更紧密地生活在一起，病菌在人群中传播的可能性就更大了。当我们开始与家养动物生活在一起时，它们身上的病菌也会传染给我们（反过来也一样），导致我们生病。感谢你送给我跳蚤，旺财，真不用这么客气。

病菌游戏中有两个主要玩家，分别是细菌和病毒，它们之间有关键区别。细菌是一类细胞微小、结构简单的原核生物，它们会披着各种各样的伪装，使你的喉咙、耳朵或皮肤被感染。它们还熟练掌握了技能，让你出现食物中毒之类的症状。这些“伪装大师”形状大小各异：有些是球状，有些是螺旋形，有些看起来像小蛇。

而病毒的大小则是细菌的 1/20，甚至更小。这些“小强盗”之所以让人生病，是因为它们会闯入健康的细胞并控制它们。就好像你开车等红绿灯的时候，有人突然拉开车门，把你们一家子都拽了出来，然后开车跑了。它们也太胆大包天了吧?! 这些充满病毒的细胞扩散开来，会让你病得很重。这就是感冒、流感的致病原理。它们总是想搭上下一辆便车——或者说直白点，就是感染下一个倒霉的人。所以当你感冒时，你会打喷嚏、咳嗽和飞沫四溅。这是病毒在说：“好吧，带我去找下一个受害者。"然后,"阿嚏"一声,病毒就登陆了。

荒诞医学史

实际上,医生和科学家真正开始了解疾病的历史非常短暂。以前,人们由于知识和信念有时会受到质疑,加上缺乏对身体的了解,于是一些奇怪的治疗办法出现了。

在古埃及,如果你牙痛,当地的医生会建议你吃一些粪便。如果你的腿被割伤了,医生会建议你在腿上抹些粪便。在古罗马,人们会用漱口水来清洁牙齿,但他们的漱口水是尿液,而不是"劲爽薄荷""清新绿茶"味的漱口水产品。是的,他们用尿来漱口。要是这东西能配上广告,广告词肯定是:"呷上一泡尿,比茶更有效。"你是不是觉得,不会有比这更恶心的了?嗯,让我带你穿越到古希腊,那里聪明的医生会通过观察你的呕吐物,诊断你到底生了什么病。事实上,他们并不只是看一看或用大棍子戳一戳就算了。他们会把它放进嘴里,吃掉。真是让人意外啊。

当时,医生们最喜欢的一种治疗方法就是把水蛭放在病患处,比如感染的手臂上,或者用它们来治疗心脏病。想象一下,你的脚趾感染了,医生掏出了一个迷你版的赫特人贾巴——《星球大战》中的外星人。大体来说,这是一种黏糊糊的像鼻涕虫一样的动物,它巨大的嘴巴里满满当当地长了大约 300 颗牙齿,这张大嘴超爱吸血。水蛭现在很少被用于医学治疗,这并不是坏事,因为它们导致了不少人死亡。

不过，它们已经在医学界稍微重振了一些雄风，医生用它们来帮助调节手术区域周围的血液流动。你知道吗，这些“小可爱”一口气能喝下相当于自身体重 10 倍的血液。好比你在午餐时间一口气吃 500 个大比萨……你最好别动这个念头！

用扭来扭去的蛆治疗疾病也是家喻户晓的好办法。没错，如果你的皮肤上有坏死或感染的组织，那么医生会在你的皮肤上放一些蛆。这些可爱的动物会呕吐东西在伤口上，它们的呕吐物里充满了特殊的化学物质，可以分解组织。接下来，它们会狼吞虎咽地把这些东西都吃进去。

1796 年，一位科学家试着从一个病人身上刮下脓液，并将其注射到另一个病人身上……这看上去很荒唐，但这种治疗方法真的有效！这种疗法的开创者是爱德华·詹纳。天花是一种由病毒导致的可怕疾病，他注意到挤奶女工很少得天花。他发现，或者更有可能是他的农民邻居告诉他的，这是因为她们已经得过症状更轻的牛痘。于是，詹纳在一个名叫詹姆斯·菲普斯的小男孩身上进行了牛痘试验。科学地解决问题的方法就是这样：提出一个假设——在这个例子中就是牛痘可以预防天花，然后验证这个假设。有一名女工被名叫“花花”的牛传染了牛痘，爱德华·詹纳挤破了这位挤奶女工手上的牛痘水疱，并把脓液收集起来，注射到詹姆斯·菲普斯体内，然后试图让他感染天花，结果发现——嘿——他感染不了天花了！而人类是怎样报答花花的呢？哎，它的皮现在就挂在圣乔治医学院图书馆的墙上……

牛痘病毒和天花病毒非常相似，但它引起的症状比较轻微。所以，实际的过程是，这个男孩的免疫系统对牛痘做出了反应，相当于已经接受了训练，能够识别天花病毒。因此，当这个男孩再接触到天花病毒时，他的免疫系统轻而易举就把它们给收拾了。一旦明白了这一点，科学家们就上道了，天花疫苗开始流行起来。非常了不起的是，这种病毒在 1980 年被彻底消灭了！

接种疫苗的工作原理有点像打仗，我们第一次遇到的敌人是一群很容易被打败的老家伙。然后，当更年轻、更健康的士兵穿着同样的制服到达时，我们就能很快把他们认出来并消灭。继詹纳之后，人们开发出了许多其他疫苗，现在我们能用疫苗来预防很多疾病。

另外，抗生素可以杀死与其接触的细菌。青霉素是人类发现的第一种抗生素，据我所知，它的发现过程相当令人作呕。一天，一位名叫亚历山大·弗莱明（Alexander Fleming）的科学家注意到，原本长满了细菌的培养皿上长出了霉菌，这些霉菌杀死了所有的细菌。霉菌实际上来自他管辖下的一个实验室，该实验室由一位名叫查尔斯·拉图什的爱尔兰医生管理。拉图什一直在伦敦东区收集蜘蛛网，研究它们是否会导致哮喘发作。蜘蛛网粘住了青霉菌，这种真菌可以产生青霉素来保护自己免受细菌的侵害。就是这种霉菌从拉图什的实验室被吹到了弗莱明的实验室，杀死了细菌——幸好他的窗户当时开着！弗莱明称这种可爱的东西为“霉菌汁”，这是有史以来的第一种抗生素。

现在，这些聪明的药物每年能拯救数百万人的生命。这些重大突破限制了病毒的破坏力，让游戏朝着有利于人类的方向发展。但要注意的是，过度使用抗生素会导致一些细菌对我们的医学“超级英雄”产生免疫，所以要谨慎使用。

医学未来指南

我们现在处在一个新时代，所谓的“富贵病”正在威胁许多人。换句话说，我们现在有足够的钱把自己吃死喝死！我们现在的饮食方式跟前面提到的水蛭有点像，它们一次能吃掉10倍于自身体重的东西。嗯，要是只给它们喂富含脂肪的红肉和含糖饮料，看看会发生什么……所以保持健康的生活方式非常重要——体育老师永远是对的。

此外，如今人类的寿命比以往任何时候都要长。在贫穷的维多利亚时代，英国人能活到40岁已经很幸运了，今天出生在爱尔兰的普通人则有望活到93岁的高龄。但随之而来的是新的挑战。衰老看起来跟疾病也没什么两样：我们的眼睛和耳朵不能正常工作，身上不是这儿疼就是那儿疼，可能无法再过年轻时那样充实的生活。炎症开始出

你好，我叫
比利
BEANS

现，也就是说我们的免疫系统开始攻击我们自己的身体，尽管一些药物可以治疗这些症状。我们的远古祖先注意到某些植物可以缓解炎症，比如柳树皮。现在，我们可以利用这些植物中的有效成分，在实验室里人工生产阿司匹林等药物。

随着人类寿命的延长，影响我们大脑的疾病就会出现。人类的记忆力真的很惊人——我们的大脑就像一个巨大的硬盘，储存着百万、千万段记忆。你不可能记住自己做过的每一件事，但你会记住重要的东西，比如你的名字、住址，以及有一次你在冷的焗豆子里泡过澡（也许你应该删除这段记忆？）。大脑中储存所有这些记忆的部分被称为海马体，随着我们年龄的增长，海马体会变小，这就能解释为什么你爸爸可能会在房子里到处找汽车钥匙，或者走进一个房间后说："我到这儿是要干什么来着？"

好消息是，人们在这个领域开展了大量研究，就在我们说话的时候，有新的突破出现了。很快，影响人类的主要疾病就会得到预防、缓解或彻底治愈。那还有什么疾病能杀死我们呢？你在 251 岁这样具有里程碑意义的生日上，会不会感觉特别无聊？

医学研究还有其他新的进展，比如修复突变基因中出问题的 DNA。还记得 CRISPR 吗？研究表明，利用 CRISPR 技术纠正受精卵中的缺陷基因，甚至可以在人出生前就把心脏病治好。在你意识到自己需要修复之前，修复已经基本完成了。

干细胞治疗也是医学领域的一项突破。受精卵形成的胚胎中含有特殊的细胞，这些细胞就是干细胞，它们拥有制造你体内所有器官的

所有信息。在你发育的过程中，这些细胞会分化成专门的细胞，比如皮肤细胞或肝细胞。科学家们已经掌握了让细胞“逆生长”，变回原始干细胞的技术，这些干细胞以后可以生长成你身体所需的任何东西。一些公司甚至能从你的骨骼中提取干细胞，储存起来以备将来不时之需。一些科学家认为，这种方法就像更换旧车的零件，或者像人体外带窗口。你敢想象下单订购一个新版本的自己吗？“我想买一个新膝盖，因为这个膝盖有点问题。哦！能顺带给我来点薯条吗？”

还有一些领域的进展已经不大像科学事实，而是开始给人营造出一种科幻小说和电影的感觉。拜尔陶隆·迈什科（Bertalan Meskó）博士称自己为“医学未来学家”，并撰写了一篇名为《医学未来指南》的论文。他说，电影《阿凡达》和《复仇者联盟》中出现的动力外骨骼已经进入现实世界了。这项技术意味着瘫痪和腿部无法移动的人能站起来走动了。他们可以散步去商店，或者单纯地遛遛狗。他预测未来会出现可消化的数字设备。换句话说，你每天早上起床，吃早餐，然后吞下一颗“智能药丸”，它会在你的体内监测你的体温、脉搏和血压——很酷，对不对？更酷的是，他认为医疗世界和游戏世界将在他所谓的“基于游戏化的福利”中发生碰撞。也就是说，年轻人和老年人都将打开游戏机，进行让他们更健康、更快、更强壮、更聪明的活动。

更棒的是，他认为未来有一天每个家庭都拥有一个人形机器人——长得跟人差不多的机器人。这些了不起的装置会照顾病人，陪伴独居者和老人，并帮助患有自闭症等疾病的孩子更好地了解世界。

可以肯定的是，预防疾病的最佳方法是保持健康的饮食、适量的锻炼和规律的作息。也许我们都应该听从乔纳森·斯威夫特的那句话："世上最好的医生有三位：节食医生，静心医生，欢喜医生。"换句话说，吃得好、睡得好、笑得欢。毕竟，笑是最好的药，所以保持微笑吧！

细菌是一类细胞微小，结构简单的原核生物，它们会披着各种各样的伪装，使你的喉咙、耳朵或皮肤被感染，这些“伪装大师”形状大小各异：有些是球状，有些是螺旋形，有些看起来像小蛇。

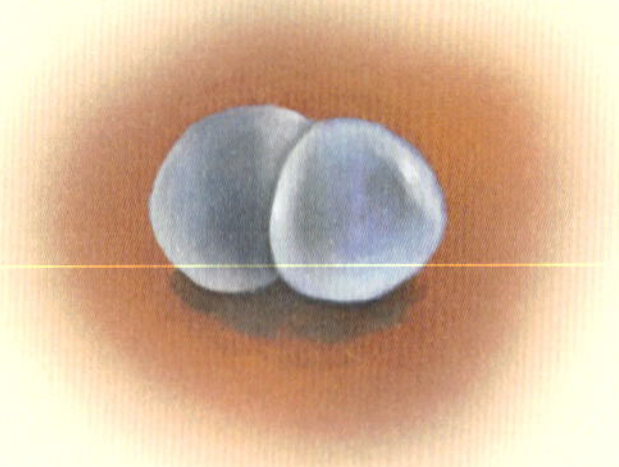

肺炎链球菌

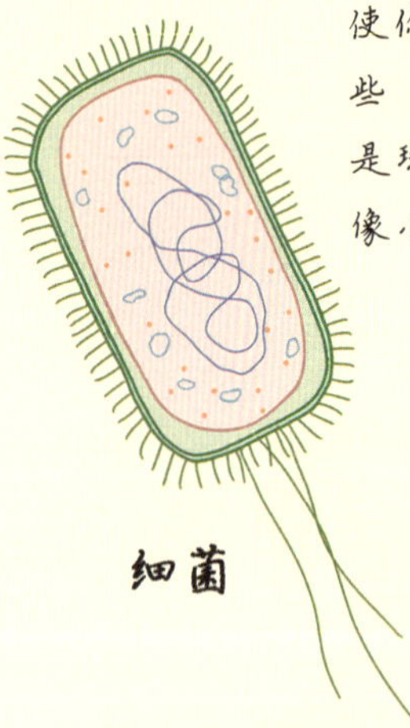

细菌

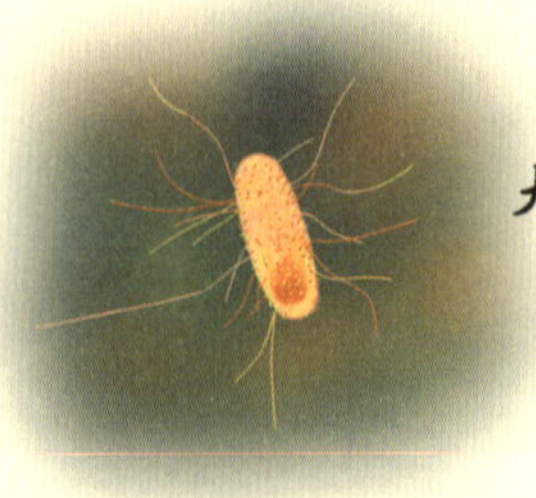

大肠杆菌

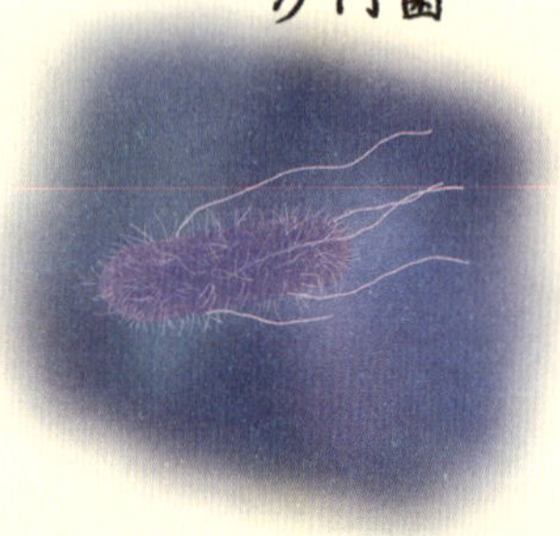

沙门菌

细菌和病毒：病菌游戏的主要玩家

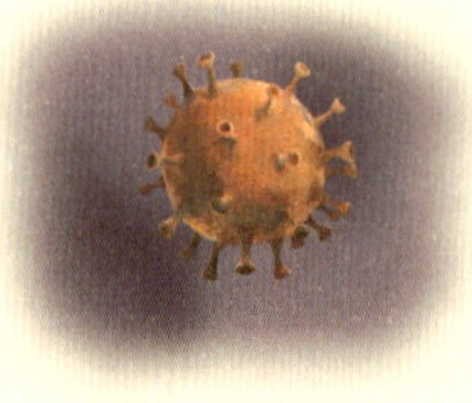

艾滋病病毒

病毒的大小是细菌的 1/20，甚至更小。这些“小强盗”之所以让人生病，是因为它们会闯入健康的细胞并控制它们。

流感病毒

烟草花叶病毒

第十五章

别担心，我们都会变老

摇滚乐队“绿洲”有一首叫《永生》（*Live Forever*）的热门歌曲。这是痴心妄想，目前这还是人类无法企及的目标。我们都会变老，地球上几乎所有的生命都会衰老和死亡。而像细菌和酵母这样的东西都是单细胞的，在理想环境下，它们可以不断地分裂繁殖。一种俗称不朽水母的小水母（学名为 Turritopsis dohrnii）似乎可以长生不老，它衰老或生病时，可以回到生命的最初阶段。但对我们人类来说，我们体内的细胞一直在分裂，直到有一天戛然而止。

大多数人类都死于疾病，而且，正如我们在前一章所提到的，许多人死于衰老引起的疾病。我们的身体最终会难以抵御疾病侵袭，也许我们以往能够消灭的病原体到晚年会要了我们的命，也许我们的心脏或大脑最终会走向衰竭。除了意外死亡或癌症等疾病以外，我们的身体还可能自然衰老和死亡。有些人看到这儿可能有点不开心，但我们不会，因为我们是科学家！让我们来研究研究。

长寿的秘密

好在，今天的我们可以活很长很长时间。大多数人能活到 80 岁，有些人能活到 90 岁，还有的人甚至能活更长时间。根据记录，世界上最长寿的人是法国的让娜·卡尔芒（Jeanne Calment，1875—1997），她活了 122 岁 164 天。我们不知道她是怎么做到的！她自己说："永远保持微笑。我把我的长寿归功于此。我相信我会笑着死去。这是我计划的一部分。"

让娜·卡尔芒的年龄可能已经接近人类年龄的极限了。所有生物的寿命都是有限的。小鼠的平均寿命是 3 年，猫是 12 年，狗是 13 年。寿命的上限是由什么决定的，我们还不完全确定。过去，我们认为这与体形有关—— 你的体形越大，寿命就越长。但是有一种叫水螅的小型生物，它们生活在淡水中，长着触须，可以活…… 等等 ……1400 年。想象一下，它能过自己的 1300 岁生日派对…… "耶耶耶！还有 100 次生日派对！"

人均寿命最长的国家是日本。日本是地球上老龄化程度最严重的国家。爱尔兰还不错，排在第 19 位。在某种程度上，你的出生地决定了你寿命的长短。在非洲的塞拉利昂，人均寿命只有 50.1 岁。非常不幸，这个国家的人们饱受贫困折磨，还有艾滋病等广泛传播的疾病在该国肆虐，导致人们会英年早逝。

但总的来说，我们无疑活得更长了，而且还将继续如此。正如一些科学家所说，我们正在"变成日本人"。1950 年，日本 65 岁以上的人口比例为 5%，现在这个数字已经到了 50%。这可能是由于他们吃鱼多，喝含糖饮料少。但这也有不利的一面。日本人口正在老龄化，后代数量也不够。因此，日本是第一个成人纸尿裤销量超过婴儿纸尿裤的国家（要是你此刻正在吃饭，我深感抱歉）。人们正在将游乐场改造成老年人的锻炼场所。记得在旋转木马上给爷爷让座呀！

长寿的一个关键因素似乎是人类的饮食。针对活到 100 岁以上的人的研究，其整体结果表明，这些人吃得更少，体重也不超标。还有研究表明，如果在 50 多岁的时候坚持锻炼，你的预期寿命可以增加 2.5 年（我不知道他们是如何计算的！）。奇怪的因素也会对寿命产生影响。信不信由你，结婚能让你多活七年。婚姻对男人尤其有益。有科学家们认为，有规律的生活、更少的压力和更健康的生活方式会让你更长寿。另外，离婚则会带来负面影响，减少寿命。压力则是其中一个因素。

一个生物能活多久的决定性因素之一可能是心跳。平均而言，人类一生中心脏会跳动 22.1 亿次。这也可能意味着，如果你通过运动让每分钟的心跳数增加，实际上可能会缩短你的寿命，这真是逃避锻炼的完美借口。开个玩笑。研究证明，运动也能帮助我们活得更久，但别做太剧烈的运动，因为那样会造成组织损伤，抵消延年益寿的效果。所以，慢一点！

书籍、漫画和电影中出现的吸血鬼形象，比如德古拉，一直都是长生不老的。他们的秘密是晚上出去喝新鲜血液，但现实世界的离奇程度可能也差不多。在一系列“奇怪”的实验中，科学家们给年老的小鼠注入了年轻小鼠的血液，实验结果相当惊人。年老的小鼠变得更健康了，关节更灵活了，视力也更好了。这倒是很适合当《三只瞎老鼠》这首童谣的结尾……

虫子的菜单

动物界的研究者们也支持食物和长寿之间的联系。有一类特别小的蠕虫叫线虫，这条结论对它们特别适用。这些微小的生物有的以腐烂的蘑菇为食，研究衰老的人很喜欢它们……我知道，这些研究人员真是一群顶级怪咖，对吧？这些蠕虫的寿命通常只有几个星期，也就是说，我们能很容易看出它们谁活得长，谁活得短。此外，与拥有数十万亿个细胞的人类不同，线虫总共只有 1096 个细胞[32]，这意味着需要计数、追踪和研究的细胞足够少。

以前我在剑桥大学工作时，遇到了一位名叫约翰·萨尔斯顿（John Sulston）的科学家，我问他在研究什么。他告诉我，他每天花 8 个小时看显微镜，数线虫的细胞数量并跟踪它们！我知道这行为很怪，不过他人是不错的。约翰笑到了最后。2002 年，他因为准确地展示了细胞是如何生存和死亡的这一开创性工作，获得了诺贝尔奖。还有科学家发现，当他们改善线虫的伙食时，它们的寿命延长了两倍。要是这种变化放在人类身上，我们或许可以舒舒服服地活到 200 岁或更大年纪。

那么，如果我们注意饮食，能活得更久吗？科学研究的结论都指向这个方向。地中海饮食看上去是完美的长寿饮食，因为这种食谱富含水果、橄榄油、海鲜和蔬菜。意大利偏远小镇阿恰罗利的村民就是最好的研究案例。在阿恰罗利，活了超过 100 岁的人有 300 多位。因此，世界各地的科学家们纷纷来到可怜的阿恰罗利，折磨这些百岁老人。科学家们把老人们赶到小巷里，让他们张大嘴巴说“啊”，用小锤子敲他们的膝盖，看看他们的反应是否灵敏，还把他们的粪便带到实验室检查——顺便说一下，你的粪便中大约四分之一是活物！别担心，它们不会像科学家寻找意大利百岁老人那样撒丫子追着你满街跑，它们只是活细菌而已。当然，科学家们正在努力寻找是什么因素让这些人活这么久的。饮食是其中很重要的因素，除此之外，村庄位于山顶，这意味着他们行走的平均距离比大多数人更长。那么，我们是不是应该整天四处溜达，吃海鲜比萨呢？这点子听起来挺不错。

学习不同技能的巅峰年龄

我们花这么多心思搞这些研究，值得吗？如果我们真的找到了能帮助人类延缓衰老的药物，它们也不太可能让我们活过很长很长的时间，顶多能让我们活到 120 岁左右，除非我们想出办法，让自己随着年龄的增长不断更换身体中已被磨损的部分。不然，我们只是推迟了衰老问题的出现而已。

不过，也许衰老并非全是坏事。一系列的研究表明，身体的不同功能会在我们不同的年龄处于巅峰状态。当回顾你的一生时，你会喜欢自己 12 岁、47 岁，还是 75 岁时的样子呢？科学家们一直在研究身体和心理多方面的技能，确定人类的这些技能分别会在什么年龄达到巅峰水平。他们得到了一些非常有趣的结果。当你七八岁的时候，学习第二语言的能力是最好的。这似乎是头脑对语言最敏感的时候，可能是因为这时候我们还听得进父母的建议（嗯……有时）。过了 30 岁再学第二语言就难多了。所以，现在就开始学起来吧——hello（哈喽），hola（奥拉），こんにちは（口尼奇瓦）[33]！

另外，你的理解信息和记忆长串数字的能力，也就是大脑的处理能力在 18 岁时达到巅峰。当你在接受高等教育时，这是很有利的。你记住陌生名字的能力在 22 岁时达到顶峰。这可能是因为你在这个时候开始闯世界了，可不想因为忘了另一个部落的首领的名字而冒犯他。你的身份焦虑这时也达到了顶峰，也许一些可怕的时尚潮流就跟这个有关系。

你的肌肉力量在 25 岁时达到顶峰。你在 28 岁时能跑出马拉松的最佳成绩。你的骨头在 30 岁时最重，因为这时候你的骨骼中矿物质含量最多。如果你是一名棋手，你将在 31 岁达到最佳水平！

有一项研究覆盖了 1 万人，这

是一个非常大的数字，所以得出的结论很靠谱。根据该研究，你到了四五十岁的时候，最能理解他人的情绪状态。随着年龄的增长，你在某些方面会越来越擅长：到了 50 岁，你的数学能力达到顶峰；快 60 岁时，词汇量达到顶峰；70 多岁的时候，你会更容易接纳自己；最后，我们都知道，到了 70 多岁，你是最睿智的。所以，智慧的确会随着年龄的增长而增长。

有些研究还发现了一个惊人的结果，在两个年龄阶段，人对生活的满意度最高，分别是 23 岁和 69 岁。无论你是有孩子还是单身，甚至不论你是否支持爱尔兰足球队，都是这样。似乎是出于某种未知的原因，这个结果是深植在我们身体里的。关键是，70 岁以后，如果满分 10 分的话，我们至少会给自己的生活打 7 分。而我们在年轻的时候，给生活的打分都比较低。

一位睿智的老人说过："20 岁时，我们在意别人对我们的看法。40 岁时，我们就不在乎别人怎么看我们了。到了 60 岁的时候，我们发现别人对我们压根儿从来没什么看法。"所以，坚持活下去，优雅地、健康地老去是非常值得的，因为情况只会变得更好。

第十六章

死神来了！但也没啥好怕的

R.I.P
R.I.P
R.I.P
R.I.

有句话会让你笑不出来，但我必须说——你一定会死。我知道，这不是什么欢快的话题，但你现在应该知道，对我们科学家来说，没有什么话题是不可以讨论的。我们希望而且需要直面这个问题，还要手脚不停地研究这个问题。死亡是不可否认的真理。想想看，不然这世界上怎么会有那么多人从事殡葬业呢？嗯？！

然而，死亡也并不全然是沮丧悲伤的。积极的一面是，今天在爱尔兰出生的孩子有可能会活到 100 岁的高龄——这是前所未有的，要归功于科学的力量。更好的药物、更先进的技术和更好的生活方式，这些因素加在一起，让我们比以往任何时候都活得更久。

确实死了

关于死亡，有一件事困扰了人们数百年，那就是我们怎么确认一个人已经死了。现在看来，这是显而易见的，但在过去并非如此。假设你生活在几百年前，上了年纪的爷爷（那时候估计有 40 岁）看起来像是咽下了最后一口气。可你叫的不是医生，而是牧师，由他（不可能是她）来判断爷爷是否死了。牧师所能依靠的只是死亡的外在表现。他们可

能会拿一面镜子罩住爷爷的嘴，看看是否会出现一片白雾，或者伸一根羽毛放在他鼻子底下，看看羽毛有没有动。到了 18 世纪，人们已经对人体有了足够的了解，可以通过检查心跳来进行判断，但听诊器直到 1816 年才被发明出来。在那之前，确认死亡仍然会用一些令人毛骨悚然的办法。比如，巴尔福测试。这种“测试”要把一根长长的细针插进心脏，细针的末端有小旗，没错，就是小旗。如果旗子在“摇动”，说明这个人的心脏还在跳动，结论就是这个人还活着！

然而，医生们开始意识到，尽管一个人表面上看起来已经死了——没有心跳和呼吸——但实际上可能还活着，他可能会恢复过来。由于这种现象的存在，导致人们被活埋，这在 19 世纪并不罕见。还记得第 13 章中提到的“逃生棺材”吗？现在看来，倒不能算是离谱的发明了！

今天，我们有各种各样的方法试图让一个人复活，或让他活下去。我们可以通过呼吸机和其他机器，来维持一个人的心跳。但在 20 世纪 50 年代，医生们意识到这样的人是靠机器“维持生命”的，他们出现了无法修复的大脑损伤，无法完全恢复过来。因此，我们现在将死亡定义为“脑死亡”，符合这个死亡定义的人已经失去了自主呼吸的能力。你的身体需要氧气来维持运转，而呼吸是获得氧气的必要条件。简单地说，当身体没有获得足够的氧气支持它存活下去时，死亡就开始了。

人类活动的危险评级

电影和电视中的死亡往往相当夸张。其实在现实世界中，大多数人都是逐渐死去的，就像一台零件已经磨损、慢慢坏掉的旧机器。不会有人死于小行星撞地球，不会有汽车飞速追逐的戏码，也不会有太空火箭爆炸灾难。是的，科学家们已经做过相关的计算了，说实话，结果相当普通。正因为它如此普通，以至于科学家为它做了一张风险量表。是的！这些“死理性派”做了一张“如何死亡”量表，试图衡量一个人在做某件事时的死亡风险。人们以其发明者弗兰克·达科沃思博士的名字，恰当地把它命名为达科沃思量表。这张量表中的分数最低为 0，最高为 8，0 表示你可能参与的、最安全的活动，8 表示一种肯定会导致死亡的活动。

达科沃思博士给人类的一系列活动进行了评级，从梳洗到搭乘飞机等。某些结果可能会让你惊讶不已。比如，假设你是一名 35 岁的男性，每天抽 40 根烟，那么你能得到相当高的分数，高达 7.1 分 —— 令人惊讶的是，这个分数几乎和在枪里装一颗子弹玩俄罗斯轮盘赌[34]一样高！

有意思的是，这项研究显示，无聊的现实生活竟然相当危险。比如，和你爸爸一起开车旅行比被小行星砸中更危险；用吸尘器打扫和洗碗比谋杀更有可能让人丧命。谢天谢地，但还是要小心盘子！

达科沃思量表	
危险级别	人类活动
0.0	完全安全（生活在地球上，一整年都没有受伤）
0.3	单程 160 千米的火车旅行
1.6	被小行星砸中（自从有人类开始）
1.7	单程 160 千米的飞机旅行
1.9	单程 160 千米的汽车旅行（司机是爸爸）
4.2	攀岩（单次）
4.6	谋杀（自从有人类开始）
5.5	用吸尘器打扫；洗碗；在大街上行走；车祸（自从有人类开始）；意外高处坠落（男性新生儿）
6.3	攀岩（持续 20 年以上）
6.4	深海垂钓（持续 40 年以上）
7.1	吸烟（35 岁男性，每天 40 支）
7.2	俄罗斯轮盘赌（一局游戏，枪膛中 1 颗子弹）
8.0	俄罗斯轮盘赌（一局游戏，枪膛中 6 颗子弹）；从埃菲尔铁塔上跳下来；在飞速驶来的列车前躺下

当身体化为宇宙

一旦你咽气了，似乎一切就结束了。其实，事情并没有这么简单明了。踏上不归路的那一刻似乎就是科学家所说的“生物学死亡”，这时候中枢神经系统和身体各器官陆续停止新陈代谢，想再活过来是不可能的。但即便如此，死神这位老朋友还有最后一个花招：拉撒路现象。这是尸体上会发生的一种奇怪又令人不安的把戏，幸好这很少发生。刚刚死去的人仍有脊髓反射，要知道，脊髓中的神经元只要还没有死亡，就会形成反射，使死者的手臂抬起来，在胸前交叉，然后再落下来，也就是可能会出现你在恐怖电影中看到的那些场景。这种事肯定会让一些人吓得跳起来！

有一件事我们还不清楚，那就是—— 一个垂死的人到底有什么感觉。有些人在生死边缘徘徊一圈又重回人间，声称自己感觉平静而幸福。这被称为濒死体验（英文缩写为 NDE），人们的这种体验出奇地相似。一些人说有灵魂出窍的体验，感觉自己飘浮在身体上方；一些人说自己看到了一束强光并朝它移动；有些人甚至说，他们看到死去的亲人在召唤他们。这些说法在各个文化中都极为普遍。

一旦人离世了，就要展开一个全新的科学领域了。这就是所谓的法医学，一个经常在电影和犯罪节目中被突出展现的学科，长相帅气、皮肤被晒成健康的棕色、牙齿亮白得晃眼的科学家们，出现在犯罪现场，研究尸体，只为弄清楚死者是如何死亡和何时死亡的。

推算死亡时间很棘手。科学家用来确定具体死亡时间的方法是用一种名叫LABRADOR的机器，这几个字母是“Lightweight Analyser for Buried Remains and Decomposition Odour Recognition（用于掩埋遗体与腐烂气味识别的轻型分析仪）”的缩写。这种设备可以“闻出”尸体内部化学物质分解时释放的气味。能闻出死亡气息的机器……谁知道呢？

死后，身体开始分解，或者说腐烂。随着能量的消失，腐烂过程开始了，有趣之处也就开始了……尸体所处的环境决定了其腐烂的速度。例如，如果尸体被冷藏，腐烂的速度就会放缓。如果尸体陈放在衬铅的棺材里，可能需要几十年才能完全腐烂。但如果尸横旷野或埋在土里，只需要几个月的时间就不见了。

法医的头脑非常灵光，他们清楚人死后会经历一系列事件，这些事件会按照简单的时间线依次发生。几分钟内，尸体内就会开始积累二氧化碳。记得吧，人活着的时候，会把这些有毒物质呼出来，就像汽车的排气管将有毒气体排放出来一样。尸体内的二氧化碳导致细胞破裂，其体内的组织开始从内部被吞噬。大约30分钟后，血液开始在人体的最低处淤积，把人的下腹变成令人不安的黑色。接着，骨头中的腺苷三磷酸（ATP）钙释放出来，导致身体变硬。这被称为“尸僵”，你可能听过类似“她像木板一样僵硬”的说法，背后的原理就是这样。

读到这儿，你可能会觉得，法医科学相关的职业再适合自己不过了。接下来，你的胃要经受真正的考验了。在气体积聚、细胞破裂、尸体变黑变硬之后，细菌要登场了，然后是一大堆令人毛骨悚然的小虫子。最先到达的生物是各种蝇类，包括常见的家蝇。这里存在一个运转有序的系统。要知道，所有的苍蝇不会毫无章法地一股脑冲向尸体——不同种类的苍蝇会在不同的时间到达，这给法医提供了很多有价值的线索。事实上，如果你真的喜欢法医科学中有关昆虫的这一部分，你可以成为法医昆虫学家。他们研究尸体，看看哪些昆虫什么时候到达，哪些蛆虫最先长出来——它们是从产在尸体上的蝇卵中长出来的。甲虫往往来得晚一些，因为它们相当挑食，喜欢腐烂时间更长的尸体。说到这个，希望你现在不是在吃午饭。

最终，按照所处气候、环境的不同，尸体经过几个月或几年之后就只剩下白骨了。地球上没有任何生物可以分解骨头，但骨头会破碎，变成灰尘，被风吹走。这就是“尘归尘，土归土”这句话的来源。到这一步，死者就被彻底“回收”了。

死亡是一个自然的过程，所有人都要在生命的某个阶段经历这个过程。作为科学家，了解死亡的过程可以帮助我们认识自己以及所爱

之人去世后会发生什么。你如何看待死者的灵魂发生了什么，取决于你信仰的宗教或文化信念。有些人因为“能在来世再见到那个人”的想法而感到安慰，但我们并不确定这是否会发生。不过可以肯定的是，我们的身体在死后会被分解，变成组成宇宙其余部分的零件，我们可能会成为土壤、树木甚至星星的一部分。

你知道吗？

早在 1752 年，医学院就已经开始利用尸体来学习更多的医学知识。英国政府通过了一项法律，允许在医学院使用因谋杀罪名而被处决的犯人的尸体。不幸的是，杀人犯的数量不太够，学校开始向能提供更多死尸的人支付钱财。一种新的职业应运而生，那就是盗墓贼或盗尸者。干这种工作，意味着你得在墓地附近游荡，挖出新鲜的尸体。时间太长的、腐烂的尸体就不中用了。如果你挖出了一具不错的尸体，学校会付给你大约 8 欧元……我知道，这听起来还不够吃一顿汉堡呢，但换算一下，要说当年的这些钱大概相当于今天的 1200 欧元，你的耳朵一下子就竖起来了，对不对？在盗尸风潮盛行时，人们把会亲人安放进带挂锁的棺材或铁棺材里下葬。这是不是很不可思议？

第十七章

人类的长生不老计划

如果你不太喜欢跟死亡沾边的那些事儿，那你愿意永生吗？如果愿意，你只需给一家公司付上一大笔钱，他们会把你的身体冷冻起来，然后放在一个类似大冰箱的地方。你会留下这样的指令，当科学界找到了威胁你生命的疾病的治疗方法时，再给你解冻，给你穿上最漂亮的衣服，去见那个很可能是你的曾曾曾曾孙的人——很奇怪吗？不奇怪，对不对？

身体冷冻，现实中的冰雪魔法

说真的，这个科学领域是一门巨大的生意。它叫“人体冷冻学”（cryonics），这门科学会把你像鱼柳一样冷冻起来，之后再给你解冻，并在你重新回归这个世界之前让你复活。这个英文名字源于希腊单词 kryos，意思是“冷”，这门科学所说的冷，真是超级冷——你会被冷冻到 -196℃。寒彻骨啊。要让你的身体降到那么低的温度，得把你悬浮在一罐液氮中——你的钱都花在这儿了！

冷冻需要在人去世后尽快进行，以便将死亡后发生的破坏性影响降到最低。下一步是把身体里所有的液体都排干，然后用防冻剂来代替这些液体。当深度冷冻开始时，防冻剂可以阻止冰晶的形成。这一点很重要，因为冰晶会破坏人体中纤弱的结构，比如许多遍布我们身体的微小血管。

然后，尸体被冰块包裹着运送到人体冷冻机构，这些机构要么在美国，要么在俄罗斯，这取决于你付钱给哪家公司。抵达目的地后，尸体会被放进一个特殊的“北极睡袋”里，然后在几个小时内，被氮气冷却到 -110℃。这个温度非常低了。在接下来的两周时间里，尸体会进一步逐渐冷却至 -196℃。这个温度真的非常非常低了。然后诡异的事情发生了。尸体会被悬浮在一个装满液氮的大桶里，像软木塞一样上下浮动。最后，它会被转移到“病人护理区”，在那里进行保存，直到资金用完，或者人类发现新技术，能让尸体完全健康地复活，像拉撒路一样从坟墓里走出来。

医学界对人体冷冻还存有争议。因为目前来说这是个不可逆的过程，而且也不知道将来是否会成为可逆过程。但这是一个非常活跃的科学领域，有几个实验室在对各种动物进行冷冻实验。更重要的是，这门科学可以冷冻用于移植的器官。如果可以冷冻一颗肾脏，以待来日用于手术，这可能会增加移植成功的概率。通常，人体会对被移植器官产生排斥反应，主要是因为它们在体外保存的时间太长，变质了！

第一个被冷冻保存的人是 1967 年进入冷冻的詹姆斯·贝德福德博士。据估计，自那时起全美国大约有 250 人完成了冷冻，另有 1500 人在遗嘱中要求死后进行冷冻。一直有传言称，华特·迪士尼的头部被冷冻在美国的人体冷冻机构中，不过这一传言遭到了强烈的否认。看来《冰雪奇缘》中的冰雪女王艾莎短期内是不会失业的！

另一个相关但略有不同的领域是深低温保存。在这里，他们不会冷冻你整个人，只会冷冻一条腿、一个大脑或一个肾脏。“那能有什么用呢？”想必你会有此疑问，“三百年后我也不能变成一个肾来回晃荡啊！”但这项技术目前取得了很多积极的成果。一家公司声称已经将一只兔子的肾脏冷冻到 -135℃，解冻后成功地完成了移植。加州的另一家公司声称冷冻了一只兔子的大脑，然后将其恢复到“近乎完美”的状态——不管这个“完美状态”到底是什么意思……可怜的兔子，这倒是给了“冰脑门”一个全新的含义。

还有一些公司正在考虑将身体的一些细胞储存起来，当你日益衰老，器官开始衰竭时，它们能长成你身体里的新零件，比如新的肾脏或心脏，然后简简单单地换掉旧的。这是一个了不起的想法，你的身体不会排斥这些新的肾脏或心脏，因为它们就是“你”的一部分。它不像目前移植用的捐赠器官，是“外来户”，你的身体将欢迎这些新零件。你还是你，只是有所不同。是不是还挺有道理的？！

大脑的冷冻可能有难度，因为人们还没掌握大脑移植术，而且可

能永远都掌握不了。但有些科学家推测，也许有朝一日人们能将你大脑中的信息上传到超级计算机中，然后由它控制所有在实验室里培养出来的新鲜器官，或者操控一个“替身”。这看起来像科幻小说的情节，对吧？在这个世界里，当人们变老时，只是需要用新的器官替换旧的器官，并将身体连接到超级计算机上就行了……

生命的极限挑战

一直以来，人们都认为人类的生命相当脆弱。我们不喜欢太热或太冷，喜欢的所有条件都如金发姑娘的故事所言，“刚刚好”。从行星的角度来看，地球刚刚好具有生命繁盛的条件。但即使在这个亮蓝色的星球上，我们也不喜欢太极端的环境。如果我们去气候更加温暖的地方旅行，通常需要空调、漂亮的游泳池或冰激凌的帮助。如果我们去更冷的地方探险，得穿温暖厚重的衣服，往往要待在室内，围在热乎乎的火炉边。不过最近科学家们将研究视线瞄准了生命可以生存的极端环境。

地球上有天才的微生物，它们不仅能在各种各样的挑战中生生不息，而且还能在外层空间的恶劣条件下生存，这样的环境中有强烈的辐射、真空压力、不断变化的温度和低重力。这些几乎坚不可摧的小生物叫作极端微生物，它们可以在人类能想象的最极端的条件下生活。它们让人类看到了希望，如果它们能忍受这些环境，那么也许有一天我们人类也能。

最奇怪的极端微生物恐怕要数一种微小而强大的生物，叫作缓步动物，它们还有更可爱的名字——“水熊虫”。虽然这些非凡的小生物身长只有不到 1.5 毫米，但它们似乎是强者中的强者。它们可以在某些最极端的环境下活下来，包括 -272°C 的低温中（接近绝对零度）、150°C 的高温中，以及可以杀死其他生物的伽马射线辐射中。它们还可以轻松应对高达 5 亿帕斯卡的压力——这大约是地球上最深的海沟内水压的 5 倍。这些小东西甚至去极端的外太空绕了一圈后，还能毫发无损地活着回来。你还觉得超级英雄和贝尔·格里尔斯[35]算硬汉吗？!

并非只有极端微生物才能做出不可思议的事情，有许多聪明的生物能够“死而复生”。这些家伙太酷了，如果某个电视选秀节目要选出先把自己冻住再复活的达人，那么这些生物肯定能成为节目明星。让我们给这节目起个朗朗上口的名字吧，“极寒挑战”，我想这个名字会火的。总之，有两种动物能从所有选手中脱颖而出，获得胜利。一种是美洲林蛙（Rana sylvatica），它们到了冬天会冻住自己。令人难以置信的是，这个坚强的小家伙会停

止呼吸，停止心跳，甚至血液也停止流动。在这段时间里，美洲林蛙会产生特殊的蛋白来保护器官。因此，它们可以在 -4°C 的环境下“死亡”11 天，然后自己“复活”，一跳一跳地跑开。另一位种子选手是北极地松鼠。它这方面的技能可谓炉火纯青。身为恒温哺乳动物，它们可以在 -2.9℃的低温下生存 20 天甚至更久。让我们向美洲林蛙和北极地松鼠鞠躬致敬吧！

你想长生不老吗？

我们能破解永生的秘密吗？目前我们还不知道，但考虑考虑这个问题，或者为好莱坞电影写一个剧本是很有趣的。所有这些反抗死亡的研究都令人着迷，参与其中的科学家们更是发现了一些令人惊叹的绝妙之事。但我们也需要追问一下，这些都意味着什么：

“你想长生不老吗？”

“一段时间过去后，你会感到无聊吗？”

“一个里里外外全部都换成新零件的你，还是你吗？”

“你会拥有同样的性格，还是会彻底变成另一个人？”

“是只有富人才有钱享受这些先进的医疗手段，还是每个人都应该有公平的机会？”

这些都是伴随着医学发展而来的重要问题。在我们超越自我之前，必须仔细考虑这些问题。因为事实是，人类越来越聪明，也越来越擅长关于人体运行的科学了。这肯定是最酷的事。当然，那些在冷冻容器里悬浮的尸体就另当别论了，它们是真的又冷又酷。

第十八章

人类会灭绝吗？

我们人类非常聪明，但令人惊讶的是，我们也非常愚蠢。我们已经征服了世界上最高的山和最深的海沟——信不信由你，最深海沟的深度比最高山峰的高度高多了。我们还可以自豪地说，人类已经冲出了地球，登上了月球。所以，我们知道自己可以完成了不起的事情，但同样，我们也在顺着自己的心意大搞破坏。是谁杀了渡渡鸟？没错，是我们人类。是谁打算在第一次和第二次世界大战中杀死我们所有人？是的，又是我们。现在是谁在让地球热到冒烟？嗯，我想你能猜到答案。

我们可能认为自己是超级物种，是一群不可战胜的人，但事实远非如此。地球上的生命其实相当脆弱。在地球历史上，生命至少经历了五次灾难——那近乎是灭顶之灾，极端天气、陨石撞击和来自遥远恒星的伽马射线暴[36]是造成灾难的主要原因。但我们每次都成功躲过了致命的子弹。

当然，聪明的科学家们为这些事件取了复杂的名字。是的，当他们见面时，甚至不能管这个叫开会。不，“开会”还不够高级。看看这个——一定是研讨会、评议会、谈话会、论坛、交流会，或座谈会，会上提供的三明治都被切成三角形，里面装满了豆瓣菜和黄瓜之类的东西！

无论如何，在科学术语中，世界末日有一些具体的参考词汇，科学家为了想出这些词属实费了不少心思，如“生物大灭绝”“灭绝事件”或“生物危机”。“生物”的意思是指所有活着的东西，所以生物危机的意思是——嗯，你知道它对我们意味着什么……可怕！

灭绝大事记

不过说真的，我们怎么有那么多次差点死掉了呢？首先是聪明专家们所说的GOE，即大氧化事件（Great Oxygenation Event），它发生在约25亿年前。当时，地球上发生了一个非常简单的变化——积聚了太多的氧气。这可能看起来很荒谬，因为氧气有助于我们完成呼吸等活动，但实际上氧气是毒性很强的东西。

那么，这么多氧气是怎么冒出来的呢？嗯，这才是天才之处。一种叫作蓝藻的微生物开始形成，它们学会了最聪明的戏法——自己给自己做食物。现在，这在我们看来非常简单。毕竟，做一个火腿三明治能有多难？往嘴里塞个巧克力棒有多难呢？但在所有人类科技出现之前，在可可豆出现之前，这些微生物拨开了让我们生存成为可能的开关。它们吸收空气中的二氧化碳，利用太阳能，让二氧化碳与水结合，用来产生更多蓝藻。它们制造了我们赖以生存的奇妙物质——碳水化合物。这听起来可能平平无奇，但光合作用——植物将太阳能转化为食物的过程，从此开始了。

回到25亿年前，蓝藻一直在忙碌地工作，制造出越来越多的氧气，直到地球的大气层充满了这种物质。科学家通过研究那个时代的岩石知道了这一点。聪明的蓝藻进化出了保护机制，以抵御高水平的有毒氧气，但其他生物没有这么好的本事，于是它们大批大批地死亡。对于那些活下来的幸运儿来说，它们的生命快速发展。这就像在一个派对上，有人把音乐开得很大。很多人离开了，但那些戴着耳机的人继续跳舞，继续制造更多戴着耳机的婴儿。对于这次大灭绝来说，大声的音乐相当于氧气，只有喜欢它的生物才能留下来。奇怪的是，大氧化事件导致地球上的生命几乎完全毁灭，却也意外地产生了相反的作用，留下的生命跟随生物演化一路向前，最终形成了今天的我们。

随后我们经历的一次大灭绝，或者说生物大灭绝，发生在4.5亿～5.5亿年前。这次的情况有点棘手，名字也拗口难记。科学家把它叫作“奥陶纪－志留纪灭绝事件”……是不是很难念?！这段时间内，由于剧烈的气温变化和海平面非常大幅度的起伏，地球上几乎70%的生命都灭绝了。

接下来是大约3.75亿～3.6亿年前的泥盆纪大灭绝，又有70%左右的生物灭绝了。这并不是一夜之间发生的一场噩梦。不，它持续了大约2000万年。接下来登场的是所有生物灭绝事件中的“佼佼者”：二叠纪－三叠纪灭绝。在这次事件中，几乎所有——准确地说是96%的海洋生物都绝迹了，一同灭绝的还有70%的陆地动物，其

中包括大多数昆虫。这些昆虫的灭绝让我们对这次事件的严重程度有了认识，因为在科学家眼中，昆虫是地球上最顽强的生物。他们认为，昆虫具有蓬勃的生命力和超人的特性，它们几乎是不可摧毁的，即使在核毁灭中也能生存下来。然而这次浩劫也让它们几乎完蛋了。

经过这一切之后，你可能以为风平浪静的日子要来了，想得美！接下来，是大约 2.01 亿年前的三叠纪－侏罗纪灭绝事件。这一次有 75% 的物种灭绝了，但重要的是，人们认为这一次灭绝后，生命的舞台空了下来，为恐龙的脚（或爪子）登台亮相打下了基础，因此恐龙的伟大时代开始了。

不幸的是，大自然也对它们下了毒手，到大约 6600 万年前，在白垩纪－古近纪灭绝事件中，恐龙也消失了，当时 75% 的生物都灭绝了。幸免于难的宠儿是类鸟恐龙，你今天看到的鸟也许就是它们的后代。人们认为这一次灭绝事件的罪魁祸首是一颗巨大的小行星，它在太空中疾驰，然后撞上了地球，并在墨西哥尤卡坦半岛海岸附近形成了一个巨大的陨石坑。这次碰撞产生的巨大冲击扬起了大量灰尘，挡住了阳光，往常的食物来源被掐断了。大体而言，没有了来自太阳的能量，植物就无法再进行光合作用并制造食物。换句话说，灯灭了。

关于植物的大灭绝事件还有几次。其中在奥陶纪和泥盆纪晚期，全球温度降低让植物难以存活，然后二叠纪正好相反，让地球变得太热，想必你也能猜到，植物再度受创。如今，我们最担心的就是再次出现这样的威胁。全球变暖可能会引发下一次大灭绝。

然后就到了现在——总算松了口气。众多物种灭绝事件过去，我们人类还能出现并生存下来，这真是个奇迹！

地球末路

生物大灭绝还能通过别的方式促成，比如被小行星或被大规模的伽马射线暴杀死，这听起来很酷，但相信我，其实一点都不酷。这样大规模的能量爆发可能来自遥远的恒星。大体来说，伽马射线暴的能量之强，是以把地球的臭氧层彻底摧毁。臭氧层为我们做了很多有用的事情，比如让我们免受危险的紫外线辐射。像这样遥远恒星的一次瞬间爆发将会毁灭70%的生命，我们人类也难以幸免——会被烤熟的！这听起来真令人沮丧。但小行星撞击或伽马射线暴发生的概率非常非常小。它们是随机的、极为罕见的事件，不过你也永远不知道这种事儿会不会轮到自己头上。按照以往的经验，下一次大灭绝事件可能很久以后才会发生。

此外，太阳最终会温度越来越高、体积逐渐膨胀，加上地球大气中的二氧化碳含量会降低，这一切可能导致地球历史上最大规模的生物大灭绝事件，让所有生命都将走向终结。随着太阳的膨胀（这将在千百万年之后才发生），地球上的海洋将会沸腾，岩石将会在风化作用下加快崩解——这会让大气中的二氧化碳含量降低，并杀死地球上的植物，因为植物生长需要的正是二氧化碳和水。随着所有能进行光合作用的生物彻底灭绝，所有需氧生物，就是那些需要植物产生的氧气才能生存的生物也将死亡。地球上就会只剩下细胞最早的祖先，它们是厌氧细菌。不过，它们最终也会因太阳的高温而死亡。地球上的生命将被烧毁。

生命的旅程或许将会结束，从 42 亿年前的第一个细胞开始，经历了漫长而充满磨难的演化过程，产生了包括人类在内的数百万种物种，最后又回到了最初的起点——单细胞厌氧细菌，而它本身最终也会死去。挺“振奋人心”的，对吧？

做最坏的打算

仍然有一种可能性，最终将人类灭绝的不是小行星撞击，也不是太阳，而可能是其他更直接的东西——人类引起的灭绝，也就是所谓的人为灭绝。什么样的事会有这样的风险呢？核毁灭的阴影一直笼罩着我们。如果发生第三次世界大战，全人类可能都要命丧于此。当然，我们不会那么愚蠢，对吧？对吗？！更有可能发生的事件（不过可能性仍然不高）是某种病毒，甚至可能是某种耐抗生素细菌导致的疫情大流行。

除了这些可能性以外，我们还可能进入一个更像是漫画和电影中的科幻世界。有人说，我们会被超级智能实体（不，不是一大群数学老师）推翻，它们比我们聪明，会奴役人类，或者干脆把我们给消灭干净。还有人认为，人类会造出一个迷你黑洞，把整个地球都吸进去——这实际上是我们开始在 LHC 搞物理实验时的一种恐惧。幸运的是，这并没有发生，但也只是目前而已。

这一大堆末日恐惧在世界某些地区引发了奇怪的反应。特别是在美国，世界末日的想法正在催生一门大生意。要知道，极端事件会引发人们与生俱来的恐惧感。美国发生了一些严重的极端天气事件，从森林大火、飓风和干旱到毁灭性的洪水和低温天气。更糟糕的是，他们还会面临大地震和黄石国家公园中巨型火山喷发的威胁。当这个星球愉快地威胁美国人要取走他们可怜的小命时，他们做了人类在有性命之忧时通常会做的事情，感到害怕……发自内心地害怕。

许多美国人认为世界末日已经不远了，他们正在应囤尽囤，从冷冻干燥的食品罐头、

防毒面具到全副武装的核掩体——真是疯狂——都不放过。尽管我们可能会嘲笑这种做法，但准备一份完整的生存购物清单也不是坏事。你可以去当地的购物中心或上网购买：

- 一套价值 500 美元的防 CBRN 攻击套装——这个时髦名字里的字母分别代表：化学（Chemistry）、生物（Biology）、辐射（Radiation）和核（Nuclear）。但不要穿它去学校，它绝对不是这个季节的时尚潮流。
- 一套价值 129.95 美元的防护服——但要小心！你会看起来像从丧尸影视剧里走出来的人，等公交车的时候，人们会离你远远的。
- 价值大约 200 美元的经典款防毒面具，讽刺的是，戴着它们你很难正常呼吸，你听上去像是患了很严重的哮喘，或者是达斯·维德[37]和故障机器人的混合体。
- 花大约 250 美元给自己置办一套盔甲——如果你想不出圣诞礼物送些什么，大多数商店会提供礼品卡。

不过，这些可能发生的世界末日事件大多会发生在未来。那时人类很可能会演化成其他物种，面目全非到我们可能都认不出来。关于我们将如何演化，有不少预测，包括肌肉量变少——因为所有的重体力活都由机器代劳，视力更差——因为以后视觉辅助将得到普遍应用，也许体毛也更少。“演化之路会把我变成未来的超人吗？”就在你想入非非的时候，上面提到的变化已经把你改造成了“秃头四眼弱鸡”人了。

也许我们的基因会在其他物种身上得到延续，就像我们在尼安德特人身上看到的那样，他们的一些基因会在我们人类身上延续下去。或者我们的基因最终可能会变成某种奇怪的人机混合体，以半机械人——也叫赛博格——的形式生活在另一个星球上。这些半机械人可能会回到冒烟的地球残骸中，在断壁残垣中挖掘时，偶然发现一本破旧的书——就是你正在读的这本。如果正在读这篇文章的你是未来人，你好呀！你吃饭了吗？

关于世界末日的预测！

越来越膨胀的太阳

太阳最终温度会越来越高，
体积也将逐渐膨胀。
地球上的海洋也将开始沸腾。

越来越少的二氧化碳

随着太阳越来越膨胀，岩石也会加速风化、崩解，这些风化、崩解后的岩石在土壤中与水、二氧化碳反应形成碳酸盐，这样会导致大气中的二氧化碳越来越少。

需氧生物灭绝

植物生长需要二氧化碳和水。二氧化碳含量降低，会杀死地球上的植物。
当所有能进行光合作用的生物都灭绝后，那些需要植物生产的氧气的需氧生物就会灭绝。

厌氧生物灭绝

需氧生物灭绝后，地球上就只剩下细胞最早的祖先——厌氧细菌。不过，它们最终也会被太阳的高温烧死。

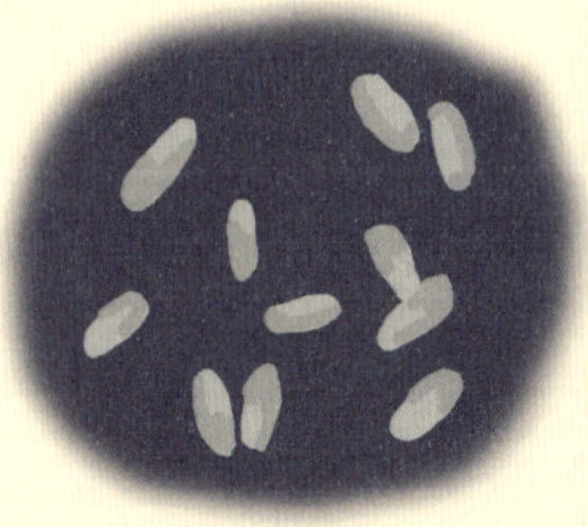

第十九章

明天会更好

尽管我们人类显然已经给自己埋了些风险隐患，尽管存在着“杯子空了一半”的悲观主义预测，但某些智人老家伙认为，我们的前景似乎并不堪忧。想想看，在世界上好多地方都有人举着海报、拿着扩音器，身边有个帮手不停地发传单，上面写着“劫数难逃！你要完蛋了！你很快就会在某个地方承受无休止的折磨！如果不采取行动，世界将在午夜毁灭！”。

那我们不妨来想想这个问题。在这种情况下，我们通常会采取什么行动？如果你知道今天晚上世界就要完蛋了，为什么还站在大街上而不是拯救人类，或者至少也该救救自己吧？对了，你上周六不是也说过同样的话吗？

但从反对派的角度来说，地球上仍然有很多可怕的事情在发生。战争、饥荒、犯罪依然存在。世界各地都还有虐待、不平等和苦难的现象。但总的来说，人类今天的境遇和以往一样好。科学、技术和农业一起给我们提供了不错的生活。

但也必须承认，农业一度带来了许多苦难和不平等。千百万名劳动者不得不代替土地的拥有者在田间劳作。这些人实际上是奴隶。回到 19 世纪初期，

只有少数人才能享受高水平的生活。那么，那时候这些幸运的少数人是什么样子的呢？嗯，你需要一些身份象征才能显得与众不同。首先，你要有很多很多的钱，拥有一座城堡，还有打扫城堡和给你端茶倒水的工作人员。哦！你还得有一支保护城堡的军队，以防又脏、又穷、又生着病的人胆敢来敲你的门索要鸡翅。那些无礼之人！

全面开花

不过，之后人类社会的情况就越来越好了。人类从未如此长寿，也从未如此富有。今天，地球上越来越多的人摆脱了极端贫困的生活，我们的人口数量也大大增加，全球人口在过去 200 年里增长了大约 7 倍。我们提高了生产力，有了更好的住所、更好的食物、更好的衣服、更好的工作条件。

另一项重大的进步是教育。在过去，会读书写字的人只占非常微小的比例。在西方，大约 1500 年前，掌握读写能力的仅限于神职人员，他们因为要传播《圣经》内容而学习阅读，或者是服务于国王的公务员。公务员当中主要是收税员，他们负责替国王收钱。在那个有体力活儿要做、有田地要耕种的年代，读书肯定被看作是一件很奇怪

的事情。读书和写作是有钱人的事。他们可以在希腊闲逛，思考深刻而有意义的想法。换句话说，在 1800 年，只有 1.2 亿人能读会写。如今全球能读写的人多达 62 亿，仿佛他们都泡在照片墙（Instagram）这个社交平台上。但从发布的内容来看，他们可能需要上阅读补习班了……

到 20 世纪 30 年代，大约三分之一的人口能够达到尚可的读写水平，如今地球上大约有 85% 的人识字。教育是一切进步的关键。没有教育，我们就不会有科学家、工程师、商人或医生。有了教育，思考、反思、质疑和辩论的能力实际上可以阻止战争。因此，学校对于一个人的前途命运如此重要，老师的价值不可估量——我知道，不要告诉他们，否则他们脸上永远会挂着沾沾自喜的表情。

人类的健康状况也得到了提升！1800 年，大约 43% 的婴儿活不到 5 岁就会夭折。换句话说，假如一位母亲生了两个孩子，其中一个很可能在 5 岁之前就夭折了。1915 年，人类的平均寿命为 35 岁。你只要活到 40 多岁，就会成为一个智慧的老人。然而，如今爱尔兰男性的平均寿命是 78.3 岁，女性是 82.7 岁。这一惊人的成就不仅得益于新的药品，其他因素也有贡献。

卫生条件是一个重要因素，如果到处都是粪便，缺少洁净的水，就会导致传染病更盛行，出现更多死亡。之所以会出现这种情况，是因为我们从成群结队、四处游荡的游牧民变成了聚集在一起的定居农民，于是垃圾被扔得到处都是。后来，我们开始获得更好的食物，增强了免疫力，变得更强壮，能更好地抵抗疾病。我们有了更好的住所，解决三急问题设施从外面——没错，人们曾在户外的街上大便——搬进了屋里，并可以把排泄物安全地冲走。

其他对人类有帮助的关键进展还有科学和医学领域的突破。科学研究成了一种正经职业——相信我，确实如此，因为我们发展出了更好的教育体系。这些大脑发达的科学家们已经准备好了，要做出史上最重大、最优秀的科学突破。罗伯特·科赫和一些同事提出的“病原菌学说”当属优秀中的优秀。当时，科学界可能认为科赫和他的团队应该是疯了。毕竟，像结核病这样破坏人类肺部的大规模疾病是丁点儿大小的生物导致的，这种想法显得很荒谬。但这是一个非常重要的发现，它意味着，医生转移完死者尸体再去接生之前，洗个手这种简单的操作会带来重大影响。当人们意识到婴儿死亡的一个重要原因是医生清洁不到位时，他们震惊坏了！

病原菌学说后来成为发现抗生素和疫苗的起点。之后，人们建立了公共卫生机构来监测和保护人类的健康。这些措施在人们接种疫苗中发挥了很大作用。当每个人都接种了疫苗时，所谓的“群体免疫”就建立起来了，大家都能获益。也就是说，想要战胜病原体，人群中一定比例的人必须接种疫苗。如果我们这样做了，病原体就会由于找不到足够数量的宿主来藏身而无处可去，所以它们也就完蛋了。

疫苗为人类健康做出了巨大贡献。例如，小儿麻痹症这种重大疾病，几乎从地球上消失了。在黑暗时代[38]困扰人们的天花现在已经完全消失了。没有疫苗接种计划时，美国每年大约会出现 400 万例麻疹病例。1963 年引入麻疹疫苗后，麻疹也几乎被消灭，2014 年仅有

667 例报告病例。

接下来登场的重要发明是抗生素。即使在今天，如果没有它们，人们仍然会死于传染病，而传染病将再次成为最常见的死亡原因。如果没有这些东西，手术就无法进行，因为你的伤口可能会感染并危及生命。因此才有了我们今天担心的一个大问题，即“抗生素耐药性”。如果细菌成功出现了耐药性，那么世界将会和现在完全不同。人类社会将出现巨大的倒退，我们刚刚在本章中提到的重大突破将大大减少，把我们带回抗生素出现之前的时代。我们希望自己能利用一切机智的科学工具来战胜这些讨厌鬼。如果不行的话，它们就会要了我们的命。你听到了吗？就在我们说话的时候，它们在嘲笑我们呢。但我知道，总有一天，你，或者像你一样的人，很可能会完成下一个重大突破。

由于贫困减少，人类的婴儿死亡率和总死亡率下降，地球上的人口数量激增。人口增长是因为高生育率和低死亡率。不过，奇怪的是，儿童死亡率的下降伴随着出生率的下降。乍一看，这似乎没有道理，但似乎一旦母亲们意识到自己所生的婴儿死亡的概率降低了，她们就会相应地少生孩子。这些趋势的综合结果是人口停止增长，地球的形势越来越严峻。甚至有这样一个模型表明，像英国这样最先工业化的国家，用了大约 95 年的时间，生育率从每名女性生育超过 6 个孩子下降到不足 3 个。其他工业化较晚的国家，其人口结构变化的速度甚至更快。韩国的生育率就从每名母亲生育 6 个孩子降低到了不足 3 个，仅仅用了 18 年。

然而，尽管婴儿出生率下降，20 世纪中期全球人口仍然翻了两番，目前人们预测，地球人口将在 2075 年左右停止增长，然后开始下降。关于蓬勃发展的婴儿产业，有一点是十分清晰的：对女孩来说，教育可以改变很多事情。有科学研究人员发现，随着女孩受教育年限的增

加，她生孩子的数量会下降。教育似乎能开阔视野。世界上越来越多的人在接受教育，花在教育上的钱从来都不会打水漂。

这很自然地把我们引向了让人类如此聪明的最后一个因素——和平。聪明的专家告诉我们大学教育的主要目的之一是使人明理，能够让彼此交流，互相讨论。当你生气的时候，不会把自己的足球拿回来，跺着脚跑进房子里。避免与人争斗的能力对于阻止重大争端或战争至关重要。回到 20 世纪 80 年代，研究大型战争的军事专家注意到一些

惊人的事情。战争曾是地球上除疾病之外最重要的死亡原因，现在基本上已经停止。这种现象也有自己的名字，叫作“长期和平”，它已经持续了超过 40 年。然而，最近发生在中东和乌克兰的冲突对长期和平造成了威胁。人们可能忘记如何一起踢足球了……

所以，作为一个物种，我们比以往任何时候都更富有、活得更长、更健康，我们有更多的人受过良好的教育，我们没有卷入毫无必要的战争。那么，为什么大多数人认为形势变得更糟了，而且还会继续变得更糟糕呢？尽管证据明显不支持这种观点。最近的研究表明，只有 10% 的瑞典人认为形势会好转，美国人有 6%，德国人只有 4%。

心理学家把这种现象叫作“认知失调”。举例来说，你所看到的（比如电视上有人死了）指向一件事，但数据却不一致（比如地球上大部分人仍然活着），这种时候就容易出现认知失调。大多数人通过脸书（Facebook）或推特（Twitter）来判断这个世界。只要他们看到暴力还没有消失，爆炸和战争还在继续，就会产生消极的看法。尽管绝大多数人并没有参与这些事件。但问题是，没有人想报道和平，这很无聊，这样的报纸也卖不出去。

也许这是人类自身的一种安全机制。我们的注意力会被最坏的情况吸引，目的是保护自己，为可能到来的风暴做好准备，这样住在洞穴里的穴居人才更有可能活下来——即便风暴只是一场阵雨也没关系。而只有通过收集数据——这是科学家们非常重要的一项工作——分析并随着时间的推移跟踪数据，我们才能得到准确的图景。这就是为什么我们要跳过吸引眼球的标题，去了解事实的真相。

记住英国皇家学会的座右铭：不要轻信任何人的话。

终点站到了

让我们回顾一下。我们的生命从一个单细胞生物开始，按照达尔文的进化论慢慢演化。生命变成了一场战斗。细胞之间相互竞争资源，从而带来进一步的演化：细菌、植物、动物、恐龙，直到出现了人类——双脚行走的几乎没毛的猿。这一切按部就班发生的概率只有百万分之一，甚至更低。一切本可能完全不同。我们的祖先可能在一次大灭绝事件中死光。恐龙可能会生存下来统治世界，给我们留下很少的空间。但我们已经走了这么远，那就继续这段旅程吧。

作为一个物种，人类有好奇心，所以我们开始发现各种有意思的事情。但在很长一段时间里，绝大多数人的生活都很糟糕。贫穷、疾病、死亡、战争，所有这些事件都出现在我们身上，而我们从来没能完全解释它们背后的原因。

然后，形势开始好转。受过教育的科学家和工程师帮了大忙。工程师们想出了改善公共卫生的方法。科学家发现了杀死细菌的药物。事情不断地改善，历史的进程不断地向前、向前、向前。更多的人生活在和平之中，和平比以往任何时候都要长久。我们明白了，互相残杀就是屠杀我们自己。简而言之，我们比以往任何时候都更长寿、更富有、更健康。

未来哪方面技术会继续改进？会有越来越多的人脱离贫困吗？我

们能在疾病影响自己之前就进行预防或治愈吗？世界会变得更加平等吗？机器人和人工智能会给我们的生活带来巨大的影响吗？

人类控制环境的能力远超其他物种。只要我们不再威胁水和食物的供应安全，或者继续破坏我们的环境，人类就能好好地活下去。

人们以自己的名义，为子孙后代做了大量科学研究，地球上的每一个人都有权利享受科学成果带来的好处。人们搞科研是出于好奇，是为了通过启蒙或产生实际利益，让世界变得更好，也是为了改善人们的生活。

但这个世界需要有新人加入科学队伍，确保我们继续保持这种好势头。科学需要会思考、会学习、会好奇、会倾听的人，需要“不要轻信任何人的话”的人，需要能勇敢探索人迹未至之处的人，需要你这样的人。

不然，你活在地球这块旋转的大石头上的宝贵时间，还能用来做什么呢？祝你多福多寿[39]，我的朋友。在这个很棒的世界里，你一定会大有作为！

尾注

01 即《圣经》中，夏娃受蛇的诱惑偷食禁果，并让亚当食用，耶和华发现后将二人逐出伊甸园，二人最后成为人类的祖先。

02 古希腊土著佩拉斯吉人的神话传说中，创世大女神欧律诺墨产下宇宙蛋，宇宙蛋孵化后，才有了日月星辰、山川河流、花草树木和万物生灵。

03 澳大利亚原住民神话中，彩虹蛇是人类的造物主。

04 编者注：一般认为这一事件发生在 34 亿—38 亿年前。

05 编者注：目前预估全球约有 870 万个物种，从这个角度看尚不足万分之一。

06 美国福克斯广播公司的一部动画情景喜剧，是美国历史上最长寿的情景喜剧及动画节目。

07 2019 年上映的美国电影。

08 编者注：如果此时恰好因感染而严重腹泻，可能还有效。

09 一款迷你沙盒类建造游戏，玩家可以在三维空间中自由地创造和破坏不同种类的方块，进行探索世界、采集资源、合成物品及生存冒险等活动。

10 关于人类的演化，目前存在“单一起源”“多起源”等不同说法，本部分内容仅代表作者本人观点。

11 属是生物分类学中的一个名词，即界、门、纲、目、科、属、种中的属。人属是人科下的一个属，除智人外，还包括直立人、尼安德特人等已灭绝的早期人类物种。

12 詹姆斯·库克（1728—1779），英国皇家海军军官、航海家、探险家和制图师，带领船员成为首批抵达澳洲东岸和夏威夷群岛的欧洲人。

13 一般指大洋洲的一个地区，即澳大利亚、新西兰和邻近的太平洋岛屿。

14 即哥伦布发现新大陆。

15 HCG 检测试纸，通过检测人尿液中 HCG 浓度，使女性尽早得知自己是否怀孕。

16 爱尔兰选美冠军。

17 编者注：熊猫为抓握竹子而演化出伪拇指。

18 编者注：最近的研究表明，并非跑得最快的精子才是最后的赢家，跑得较快、运气较好的才是胜者。

19 编者注：最新研究发现，精卵融合时，卵子是 46 条染色体与精子的 23 条融合，其实是共 69 条染色体，只是卵子会从 46 条染色体中再选择性过滤掉 23 条。

20 爱尔兰神话中的精灵女子，有人将要死去时，报丧女妖就会在附近哭泣。

21 第三人称射击游戏，在国外具有极高知名度。

22 爱尔兰著名板棍球运动员，外号是“国王亨利”。

23 美国著名网球运动员。

24 这位名人是埃尔文·布鲁克斯·怀特，美国当代著名散文家、评论家，是《精灵鼠小弟》《夏洛的网》的作者。

25 英国利物浦足球俱乐部的队歌。

26 来自美国歌手鲍比·麦克菲林的一首歌曲，曲调轻松愉快。

27 1943 年出生的美国歌手，成名于二十世纪七八十年代。当地官员认为其音乐风格对青少年来说较为“老土”，青少年难以忍受，从而在商店播放其音乐，以达到防止青少年在门外闲逛、轰鸣汽车引擎等目的。

28 位于英国伦敦，是威斯敏斯特宫的附属钟塔，伦敦的标志性建筑。

29 爱尔兰传说中会做鞋的小精灵，他通常是穿着一身绿色衣服的小老头。据说如果能抓住他，就有机会找到他藏的金子。

30 “威利·旺卡”是英国剧作家、短篇小说家罗尔德·达尔的小说《查理和巧克力工厂》中的角色，他的性格古怪而神秘。此处用于形容奇幻的，充满创造力的世界。

31 出自英国作家道格拉斯·亚当斯的《生命，宇宙以及一切》一书，是《银河系搭车客指南五部曲》中的第三部。

32 编者注：秀丽线虫总共出现过 1090 个细胞，而其雌雄同体的成虫体内只有 959 个细胞。

33 此处依次为英语、西班牙语、日语，意思都是“你好”。

34 即在一把左轮手枪的弹仓中装入 1 颗子弹，旋转弹仓，赌博者轮流用枪抵住自己的脑袋开枪。如果每次开枪前都旋转弹仓，那么每次开枪的死亡概率为 16.7%，如果中间不旋转弹仓，那么第一次开枪死亡率是 16.7%，第二次开枪死亡率是 20%，第三次是 25%，第四次是 33.3%，第五次是 50%，第六次必死无疑。

35 英国探险家，主持过《荒野求生》《跟着贝尔去冒险》等野外生存节目。

36 又称伽马暴，是来自天空中某一方向的伽马射线强度在短时间内突然增大，随后又迅速减小的现象。它是已知宇宙中最强的爆射现象，理论上是巨大恒星在燃料耗尽时塌缩爆炸或者两颗邻近的致密星体合并而产生的。

37 电影《星球大战》中的反派人物，由于早年严重烧伤，不得不接受改造，脸外面罩着金属呼吸面具，说话声音低沉而带有气声。

38 指欧洲约公元 500 年到 1000 年这段时间。

39 原文为“Live long and prosper”，是《星际迷航》中瓦肯人的传统祝词，他们常常一边说这句话一边做出图中的手势。

从细胞到超人

作者 _ [爱尔兰] 卢克·奥尼尔　　插画 _ [爱尔兰] 塔拉·奥布莱恩　路琏城
译者 _ 肖梦　　审校 _ 尹烨

特约编辑 _ 赵鹏　张晓意　　装帧设计 _ 山葵栗　　主管 _ 陈亮
技术编辑 _ 丁占旭　　责任印制 _ 杨景依　　出品人 _ 毛婷

果麦
www.goldmye.com

以 微 小 的 力 量 推 动 文 明

图书在版编目（CIP）数据

从细胞到超人 / (爱尔兰) 卢克 · 奥尼尔著 ; (爱尔兰) 塔拉 · 奥布莱恩, 路琏城绘 ; 肖梦译. 广州 : 新世纪出版社, 2025. 6. -- ISBN 978-7-5583-4611-8

Ⅰ. Q1-0

中国国家版本馆CIP数据核字第2024GG4460号

出 版 人：陈志强
责任编辑：庄京霖　吴晓玲
责任校对：叶　莹
责任技编：王　维

从细胞到超人

CONG XIBAO DAO CHAOREN

［爱尔兰］卢克 · 奥尼尔 著　［爱尔兰］塔拉·奥布莱恩　路琏城 绘

肖梦 译

出版发行：新世纪出版社
（广州市越秀区大沙头四马路12号2号楼　邮政编码：510102）
经　　销：果麦文化传媒股份有限公司
印　　刷：天津市豪迈印务有限公司
开　　本：710 mm × 1000 mm　1 / 16
印　　张：15　　　字　数：163千字
版　　次：2025年6月第1版
印　　次：2025年6月第1次印刷
定　　价：65.00元

质量监督电话：020-83797655　购书咨询电话：020-83781545
